TUSHIBA GONGCHENG
YU ZHUBA CAILIAO YANJIU

土石坝工程
与筑坝材料研究

陆恩施 等 著

中国水利水电出版社
www.waterpub.com.cn
·北京·

内 容 提 要

本书研究内容涵盖了土石材料性质、坝料填筑标准、土石坝（面板坝）设计、土石坝病害整治、土石坝扩建加高等。其研究成果促进四川省大、中型水利工程土石坝建设有了新的突破。试验数据及控制措施均来自实际工程，对类似工程建设有直接的指导和借鉴作用。

本书可作为水利工程类院校专业拓展用书，也可作为水利设计院、科研院所等相关专业人员参考用书。

图书在版编目（CIP）数据

土石坝工程与筑坝材料研究 / 陆恩施等著. -- 北京：
中国水利水电出版社，2023.12
ISBN 978-7-5226-2152-4

Ⅰ．①土… Ⅱ．①陆… Ⅲ．①土石坝－水利工程－研究②土石坝－筑坝－建筑材料－研究 Ⅳ．①TV641

中国国家版本馆CIP数据核字(2024)第025124号

书　　名	**土石坝工程与筑坝材料研究** TUSHIBA GONGCHENG YU ZHUBA CAILIAO YANJIU
作　　者	陆恩施 等 著
出版发行	中国水利水电出版社 （北京市海淀区玉渊潭南路1号D座　100038） 网址：www.waterpub.com.cn E-mail：sales@mwr.gov.cn 电话：(010) 68545888（营销中心）
经　　售	北京科水图书销售有限公司 电话：(010) 68545874、63202643 全国各地新华书店和相关出版物销售网点
排　　版	中国水利水电出版社微机排版中心
印　　刷	北京印匠彩色印刷有限公司
规　　格	184mm×260mm　16开本　11.75印张　230千字
版　　次	2023年12月第1版　2023年12月第1次印刷
定　　价	**80.00元**

O序

　　土石坝因其取材方便、地基基础要求相对较低、施工便捷且有良好的抗震性能等优点在大坝工程中占有极大的比重。但由于其散粒体结构特性、遇水后表现出水土耦合的某些差异性，因此就要求对"土料"要有一个清晰准确的认知和把握，才能控制坝体质量，保证工程安全，尤其对百米级以上超高土石坝的设计、施工建设有重要的意义。

　　四川作为水利大省，高土石坝及中、小型土石坝数量众多，其建设过程也伴随着土石坝筑坝技术和理论的不断完善而发展。从升钟水库、大桥水库到紫坪铺水库，这些水利水电工程的建设，既见证了四川水利的发展，也见证了水利人筚路蓝缕、披荆斩棘、不断求真务实、勇于探索的成长之路。20世纪中期，四川省水利水电工程建设迎来新的生机，随着大、中型水利工程的开发建设，伴随着对筑坝材料研究的不断深入以及科研设计水平的发展和提高，四川省土石坝工程建设有了不断的新突破。

　　陆恩施先生从事水利水电工程、岩土工程研究60余年，在土石坝建设中，针对土石材料性质、坝料填筑标准、土石坝（面板坝）设计、土石坝病害整治、土石坝扩建加高、软岩建坝等做了大量试验、研究和设计工作，推动利用当地天然建筑材料筑坝，取得显著的经济效益和社会效益，曾获得国家级优秀工程设计铜奖1项、部（省）级优秀工程设计银质（二等）奖2项、省部级优秀工程地质勘测二等奖1项、部级优秀工程地质勘测铜质奖1项、水利水电科学技术进步奖三等奖1项、省厅级科学技术进步奖一等奖1项，发表论文40余篇，为四川省水利水电工程建设作出了卓越贡献。

　　先生1941年出生在湖北恩施，1957年毕业于武汉水利学校，后分配到水利部西南水工试验所（重庆）；1958年因单位合并进入四川省水电厅勘测设计院；1963 年水电系统机构改革后，调入四川省水利水电勘测设计院地勘队（驻南充）；1978 年调入四川省水利水电勘测设计院试验室（水电科研所）工作（驻成都），并先后任副所长、所长，至 2001 年 2 月退休；后返聘四川省水利水电勘测设计院专家委员会工作。先生参与国内外水利水电工程设计、研究及咨询项目百余个，为四川省培养了大批岩土工程试验人员。

纵观先生在岩土工程领域的研究成果，可以说是"开先河、集大成"。他开创性地将膨胀土应用于坝体，提出了膨胀性黏土更贴合工程实际的判别指标；全国首次采用洪积扇碎石土作为面板坝垫层料使用；四川首次将红土化碎石土作为心墙防渗料使用；首创采用岩石、土工及现场载荷试验综合方法对半成岩昔格达地层进行研究；在水利行业最先引入表面振动器法研究无黏聚性土料相对密度试验方法，并推广应用于工程设计施工；创造性地使用风化砂泥岩作为防渗料，突破了传统上仅黏土可作防渗料的壁垒，并在国际地质会议上进行了交流推广；提出高面板坝分区设计"三原则"，并最先提出高坝压实度控制标准。膨胀土，风化砂、泥岩，挤压破碎带，分散性土，洪积扇碎石土，红黏土等在当时学界被普遍认为是"废土、废料"，他却创造性地确定试验方法，分析试验数据，提出判别标准，总结出切实可行又易于施工的利用方法，做到"变废为宝，物尽其用"。采用压实度指标控制高土石坝填筑质量，在紫坪铺等一系列面板堆石坝中得到应用，也使紫坪铺大坝成为"遭高烈度地震第一坝"，保证了大坝安全。先生对土石坝病险整治、大坝蓄水鉴定等工作更是举重若轻，寥寥数语尽道其中真谛，使人读其文而知其实，余味隽永。

先生六十余载著作等身，本书仅汇集了先生关于"土石坝工程与筑坝材料研究"主题的论文著作。此次汇编出版工作中仅对行文格式和数据单位进行了统一，对部分附图进行了删减、补绘，表格数据进行了校正，其余均保持论文原貌。同时对文章中基础试验成果付出辛勤工作的所有人员表示感谢。

本书分三部分，第一部分"土石坝建设与筑坝材料研究"是本书的核心内容。前半部分主要对各种土料试验研究进行论述，论证其特性，明确其使用部位及施工方法。该部分的相关参数、相关处理措施在目前仍对我国西南地区及至全国水利工程建设有指导意义。后半部分主要为无黏聚性粗粒土填筑标准的探讨，对于高坝建议以压实度作为控制填筑标准，其对控制面板开裂有决定性作用。第二部分"昔格达组（岩基）建坝研究"对试验方法进行提升和融合，对软岩特性和分类研究提出了建设性的推广方法。第三部分"病害工程处理及研究"，其中《四川省中小型水库均质土坝安全评价值得注意的问题》一文纲领性地提出了四川省乃至全国的病险水库安全评价的主要问题和解决思路，其对均质土坝三十余年未固结问题的研究和思考，更是打破了常规认识，警醒工程人员对问题分析不可"想当然"。

先生在土之应用领域潜心研究，笔耕不辍，至极大成，耄耋之年仍工作在一线，至今野外出差仍可见其身影。"高山仰止，景行行止"，后辈学人，不可稍忘。本书的集结汇编，是对先生研究成果和成绩的一个总结和致敬，也是我们后辈对水利知识的一个继承，对先生学术精神的一个传承，对工匠精神的一个延续。一个行业的发展需要这种总结、继承和延续，愿本书如同汪洋大泽中的一滴水，为我国水利水电建设事业注入一份力量。也愿先生身体康健，继续荫庇后人前行。

由于成书时间仓促，加之编者水平有限，难免挂一漏万，恳请读者给与指正。

陈立宝

2023 年 7 月 27 日于成都

目录
CONTENTS

第三部分　病害工程处理及研究

第一部分 土石坝建设与筑坝材料研究

四川省水利水电工程土石坝建设
与筑坝材料研究综述 *

陆恩施　高希章

摘　要：土石坝工程的建设发展与筑坝材料的深入研究密切相关。本文简要介绍了诸工程在防渗料、洪积扇碎石土、反滤过渡料、坝壳料等诸方面的研究成果，为推动四川省水利工程土石坝建设作出了重大的贡献。

关键词：水利工程；土石坝；筑坝材料；研究

1　概述

20 世纪 70 年代，四川省三岔水库黏土斜墙石渣坝及南充升钟水库坝高 79m 黏土心墙石渣坝的建设，标志着四川省土石坝建设摆脱了中华人民共和国成立后早期建设单一均质土坝的传统模式。

20 世纪末，在高地震区的冕宁大桥水库坝高 93m 混凝土面板堆石坝的建成，是四川省水利建设史上的新发展。这些大型水利工程大坝的成功建设，都显示了筑坝材料研究的发展和对大坝建设的强有力支持。随着当地筑坝材料的深入研究和开发，促进了四川省一大批各具特色的土石坝工程的建设。30 多年的工程实践，防渗料、反滤过渡料、坝壳料诸方面已得到深入的研究和发展，取得了可喜的成果。21 世纪初，岷江紫坪铺水利枢纽工程坝高 156m 混凝土面板堆石坝建成发电，开创了四川省水利史上土石坝建设的新篇章。

2　防渗料的研究

2.1　膨胀土研究

20 世纪 70 年代中后期，根据四川盆地 9 个水库大坝土料 400 余组试验成果，分析研究了地区膨胀土的主要判别指标，同时研究了大坝防渗体应用膨胀土的方法，并在升钟水库大坝心墙中成功使用，论文《筑坝工程利用膨胀土的研究》在第四届全国土力学及基础工程学术会议上交流，为四川省土石坝工程建设中膨胀土判别及应用提供了经验。

---

*　本文发表于《四川水力发电》2006 年第 4 期。

2.2 泥岩石渣作防渗料

20 世纪 80 年代后期，随着大中型水利工程建设的发展，大量开采土料已对农作物耕地造成威胁。针对四川中部"红色地层"广布风化砂泥岩料的特点，开展了研究其替代黏土作防渗料工作并在工程实践中取得实效。论文《风化砂、泥岩石渣料作防渗料的研究》总结了四川省双河口水库及双溪水库大坝建设中的研究应用成果，该论文在第三届国际地质大会上发表。这个阶段强调的是风化泥岩石渣的使用。20 世纪 90 年代中后期，在应用风化泥岩石渣作防渗料的基础上，更进一步研究了弱风化或新鲜泥岩石渣作防渗料，在研究方法及施工开采上有了新的突破，并在沉抗水库得以实施应用，论文《沉抗水库大坝泥岩心墙防渗料的研究》在《土石坝工程》上进行了交流。目前，相继建成的关门石水库、大洋沟水库、黑龙凼水库、牛角坑水库的大坝都采用了泥岩石渣作防渗料。在四川省土石坝建设中，采用"红层"泥岩石渣料作防渗料取得了显著的社会效益及经济效益。

2.3 砾质红黏土研究

红土在我国南方诸省用作筑坝材料早已是不争的事实。但在 20 世纪 80 年代，四川省特别是在大型水利工程中对它的使用则存在着相当大的疑虑，如在大桥水库勘测设计阶段进行主坝坝型比较中，对这种天然密度低、含水量高、天然孔隙比在 0.95～1.13 的砾质红黏土作为防渗料存在极大的争议。为此，对级配连续之宽级配砾质红黏土（因其砾石为棱角状，在大桥水库工程中通称碎石土）进行了系统的研究，主要包括砾质红黏土矿物成分、天然含水率、级配及相应的力学特性。对砾质红黏土不同季节含水率的变化，含水率与细粒含量、碎石风化程度的关系，以及天然含水率与击实最优含水率的关系等做了专门性研究，获得科学结论，证明砾质红黏土符合防渗材料质量技术要求，是较好的筑坝材料，因而支持了在大桥水库副坝沟昔格达地层上修建坝高 29.5m 的砾质红黏土心墙堆石坝的方案，从而免去了在中酸性混染岩地层上修建坝高 60m 面板堆石坝的方案，节约了大量资金，取得了较好的经济效益。随后，其在瓦都水库、晃桥水库都得以应用，并取得显著的效益。

3 洪积扇碎石土

四川西部地区属高烈度地震区。在西部地区进行水利水电工程建设，土石坝有更强的优势和前景。为保证工程安全，降低工程造价，对该地区广泛分布的洪积堆积物的研究和利用具有重要意义。大桥水库利用洪积扇碎石土作为主坝面板堆石坝垫层料，成为面板坝工程建设首例；瓦都水库利用洪积扇碎石土作为大坝下游坝壳填料，为开发利用天然资源，降低工程造价作出了贡献。论文《筑坝工程利用洪积扇碎石土的研究》及《大桥水库混凝土面板堆石坝垫层的设计与研究》

分别发表在《1999 中西部岩土力学与工程学术讨论会论文集》及《土石坝工程》2000 年第 1 期，对洪积扇碎石土特性研究及应用作了介绍。

4　反滤过渡料研究

（1）传统的反滤层和过渡层是分层设计的，把既对防渗体起反滤保护，又对坝壳料起过渡双重作用称反滤过渡层。采用这种连续级配料可以达到降低工程造价和简化施工的效果。

（2）反滤过渡料设计选择的方法：①级配连续，无论人工破碎或天然砂卵石反滤过渡料都遵循连续级配的原则，保证充填关系；②运用中国水利水电科学研究院刘杰的研究成果（国家自然科学基金资助项目），针对防渗体的不同性质，控制并选择与反滤过渡料相适应的 D_{20} 粒径；③反滤过渡料最大粒径的控制，一般多在 80mm，如双溪水库人工破碎反滤过渡料、瓦都水库天然砂卵石反滤过渡料，控制最大粒径为 60～80mm；大桥水库副坝碎石土心墙堆石坝，因心墙其砾质红黏土特性，天然砂卵石反滤过渡料最大粒径为 200mm，基本为全级配砂卵石，从而大大降低了造价；④试验论证，通过反滤试验，检验反滤过渡料反滤保护及排水效果，控制其渗透系数在 $A\times10^{-3}$～$A\times10^{-4}$cm/s 量级范围。

（3）利用破碎带石渣作反滤过渡料。晃桥水库堆石料场中有宽约 45m 的挤压破碎带，通过对破碎带的全面研究，得出破碎带石渣符合用作反滤过渡料质量的技术要求，从而确定取代原设计采用之人工破碎反滤过渡料。破碎带石渣单价约为人工破碎料的 1/4，节省了资金。论文《利用挤压破碎带石渣作反滤过渡料的研究》在《土石坝工程》2000 年第 2 期中对研究成果作了详细介绍。

5　坝壳料研究

（1）坝壳用料。20 世纪 70 年代中后期，四川省土石坝坝壳用料已有较大的发展。目前，坝料岩性已涉及砂岩、泥质粉砂岩、灰岩、白云岩、中酸性混染岩（花岗岩、闪长岩、辉录岩混染）、玄武岩、石英正长岩、闪长岩、砂质页岩、千枚岩、砂卵石等诸多品种，岩石强度涉及软岩—硬岩不同等级，研究范围广泛并在相应工程中应用，使土石坝建设获得成功。

（2）坝壳堆石料填筑标准。坝壳堆石料填筑干密度是土石坝设计和施工控制最重要的指标之一，而研究无黏聚性坝壳料最大干密度的方法，求得科学合理的指标则成为关键。自 1990 年起，对紫坪铺、大桥等大型工程堆石料开始进行了振动台法及表面振动器法堆石最大干密度的比较研究。随着各工程筑坝材料岩石及强度的不同，已形成表面振动器法求最大干密度的一套较完整的方法，论文《无黏聚性粗粒料最大干密度试验方法探讨》已在《水利水电技术报导》中作了全面介绍。与此同时，对坝壳料填筑标准进行了全面系统地研究，论文《试论碾压堆石填筑标准》在《水利水电技术》2002年第11期上作了全面的论述。大量的工程实践已经证明，采用上述方法求得的最大干密度更接近实际，以此最大干密度值确定的设计干密度及相应的填筑标准，完全能达到指导施工、控制施工质量的目的。

6 紫坪铺水利枢纽工程面板堆石坝

紫坪铺面板堆石坝，坝高156m。自1990年起，开始了紫坪铺大坝筑坝材料的试验研究，各设计阶段经历了对尖尖山灰岩、水西关砂岩及青城桥砂卵石料的研究。在招标设计阶段，则进一步对尖尖山料场做扩大调查及复查，对灰岩堆石、垫层及过渡料做了大量的试验，确定了相应的级配、控制干密度及其力学特性指标。由于尖尖山系飞来峰，历经地质构造作用，岩体裂隙发育，因而对该料是否可获得堆石所需块度存在疑虑。2000年，经四川大学、中国水利水电第五工程局及四川省水利水电勘测设计研究院共同努力，通过爆破试验，已成功取得爆破开采堆石料（最大粒径800mm）、过渡料（最大粒径400mm）的成果，爆破级配达到堆石、过渡料设计控制级配范围。此外，本阶段还对坝址覆盖层砂卵石及坝基岩石开挖料利用以及青城大桥砂卵石料做了研究，为大坝填筑料做到了充分的技术准备。

2002年，中国水利水电第十二工程局承建了大坝工程，并于2003年3月1日开始大坝填筑，2005年6月堆石填筑完成，2005年12月面板浇筑完成。截至2006年5月16日水库水位达835.0m高程，大坝累计沉降最大值为881mm，坝体沉降率为0.56%，大坝运行安全。

7 筑坝材料质量技术要求

土石坝建设的发展，离不开筑坝材料的研究与开发，而正确评价筑坝材料质量是选择工程建设安全、价格低廉的当地材料，作出优秀设计的基本条件。四川省通过30年的工程实践，深刻体会到原天然建材《水利水电工程天然建筑材料勘察规程（试行）》（SDJ 17—1978）已不适应土石坝设计水平发展的需要，而2000年新版《天然建筑材料勘察规程》的天然建筑材料质量技术要求仍滞后于当今土石坝设计与建设的发展。结合四川省土石坝建设的实践，论文《试论碾压式土石坝筑坝材料勘察质量评价》（《土石坝工程》2000年第2期）在这方面作了详细的介绍，可供筑坝材料质量评价参考。

8 结语

（1）自20世纪70年代至2006年，四川省水利工程土石坝建设经30余年历程，四川省水利水电勘测设计研究院通过升钟水库、大桥水库、双溪水库、沉抗水库及紫坪铺水库等大、中型水利工程土石坝建设发展，使四川省土石坝建设独具特色，取得了良好的社会效益及经济效益。

（2）实践证明，四川省水利工程土石坝建设的发展，与筑坝材料的深入研究密不可分。在工程设计中做好筑坝材料的调查与试验研究工作，是建设优质土石坝工程的重要条件。

（3）加强土石坝工程设计、地质、试验专业间的密切合作，共同研究坝料勘察选择工作，是搞好土石坝工程建设的保证条件，必将提高我国土石坝设计、勘察及研究水平，推动土石坝工程建设的进一步发展。

筑坝工程利用膨胀土的研究

陆恩施

摘　要：本文根据四川盆地 9 个水库大坝土料 400 余组试验研究，确定了该地区膨胀土判别标准。在实际工程中膨胀土可与非膨胀土混合，改善胀缩特性，用于坝体填筑。本文以四川省 1982 年建成高 79m 升钟水库土石坝心墙应用膨胀土质检成果为例，说明膨胀土经过一定技术处理完全可用于填筑土坝工程。

1　引言

水利工程中对膨胀土的应用和研究，近年来，已逐步得到普遍重视。膨胀土的危害表现在土的体缩率大，膨胀后土的抗剪强度极度降低。过去四川省水利工程建设中对膨胀土特性缺乏认识，特别是中小工程，由于在填筑土料中使用了膨胀土，工程建成后，裂缝、漏水、塌滑等破坏事例时有发生。因此，在土样试验中如何判别膨胀土以及膨胀土用于坝体填筑的可能性，成了主要课题。四川省升钟水库大坝为高达 79m 黏土心墙石渣坝，土料采料场中就有部分黏土属于膨胀土，经试验研究发现并在施工进程中，主要采用膨胀土和非膨胀土混合填筑的办法，解决了土料缺少的困难，提高了填筑土体的密度和强度。大坝填筑中和建成后，施工质量检查证明心墙填筑质量良好，满足设计要求。这就说明采取一定措施膨胀土是完全能够用作大坝填筑土料的。

本文所述工程皆位于四川盆地"红层"，土壤成因多系侏罗—白垩纪红色黏土（泥）岩残、坡积土以及冲、洪积土和土壤黏土矿物经差热分析、X 射线衍射分析、化学分析综合判定，黏土矿物成分以伊利石为主，含有较多蒙脱石以及少量水针铁矿、方解石等，可认为是伊利石-蒙脱石类型，属膨胀土矿物类型。

一般说来，凡是胀缩性大到对工程具有实际意义的黏性土就是膨胀土[1]；因此可用其一特定胀缩指标界限判断膨胀。本文划分膨胀土也采用这种办法。目前国内许多部门把自由膨胀率 $F_s \geqslant 40\%$、液限 $W_L \geqslant 40\%$ 作为判别膨胀土的标准。全国膨胀土地基设计第二次工作会议整理了国内土样试验资料；四川 20 个膨胀土（成都、南充）符合 $F_s \geqslant 40\%$ 的仅占 15%。这就说明，四川土壤特性与目前国内判别膨胀土指标有很大差异。这也可能是过去四川省一些土坝工程使用了膨胀土而不认为是膨胀土造成事故的原因。为此根据近年几个工程土样试验研究资料、筑坝实践等，从膨胀土的特性、膨胀土的判别标准和膨胀土在筑坝工程上的利用作一综述，以期能引起有关方面注意，并供膨胀土应用进一步研究参考。

2　膨胀土的某些特性

2.1　土体膨胀对抗剪强度的影响

根据击实试验确定的容重和含水量制备试样，进行常规饱和快剪（未严格控制试样是否膨胀）、控制试样未膨胀的饱和快剪及试样膨胀后的饱和快剪三种方法试验，试验成果见表1。

表1　　　　　　　　　　　不同试验条件抗剪强度试验成果

升钟料场编号	土料名称	自由膨胀率/%	试前		抗剪强度（饱和快剪）					
					常规		控制试样未膨胀		试样膨胀后	
			γ_d/(g/cm³)	ω/%	C/(kg/cm²)	φ	C/(kg/cm²)	φ	C/(kg/cm²)	φ
3号	重粉质壤土	34	1.79	14.9	0.51	13°12′	0.46	14°30′	0.35	14°42′
3号	重粉质壤土	43	1.74	15.2	0.44	10°18′	0.44	10°18′	0.44	8°6′
28号	重壤土	28	1.78	15.9	0.48	14°	0.47	14°48′	0.45	14°
3号	粉质黏土	45	1.70	18.8	0.76	1°42′	0.88	3°	0.42	2°12′
3号	粉质黏土	41	1.78	16.0	0.89	6°30′	0.78	8°18′	0.58	3°30′
28号	砂质黏土	44	1.76	16.6	0.72	5°6′	0.73	6°	0.43	1°30′
28号	砂质黏土	47	1.71	19.0	0.82	1°42′	0.89	2°30′	0.42	0°

注　C 的 1kg/cm² 约为现在的 0.1MPa，下同。

由表1可见：抗剪强度随土的膨胀而降低，强度降低幅度则随土的胀缩性大小而异。胀缩性低的壤土（自由膨胀率低）、试样膨胀后强度变化极小，膨胀性高的黏土，除本身强度低外，膨胀后强度更低，这是膨胀土的主要特点。

2.2　荷载对膨胀的影响

膨胀量是反映土的膨胀性、判别膨胀的重要指标，但不同仪器、不同试验方法试验，膨胀量差异很大。升钟水库大坝几个料场膨胀土试验成果见表2。

表2　　　　　　　　　　　膨　胀　土　试　验　成　果

升钟料场编号	土料名称	自由膨胀率/%	膨胀量/%	固结仪退荷法					膨胀力/(kg/cm²)	应变式平衡法	膨胀力/(kg/cm²)
				不同压力下膨胀率/%						$\dfrac{膨胀率/\%}{压力/(kg/cm²)}$	
				0	0.25	0.5	0.75	1.0			
3号	重粉质壤土	34	5.26	1.62		0.137	0.04		0.97	$\dfrac{1.14}{0.036}\dfrac{0.365}{0.199}\dfrac{0.122}{0.339}$	0.47
3号	重粉质壤土	36	7.30	4.57	0.988	0.492	0.254	0.081	1.25	$\dfrac{3.365}{0.022}\dfrac{0.888}{0.261}\dfrac{0.352}{0.435}\dfrac{0.136}{0.644}\dfrac{0.045}{0.867}$	1.09

续表

升钟料场编号	土料名称	自由膨胀率/%	膨胀量/%	固结仪退荷法						应变式平衡法					
				不同压力下膨胀率/%					膨胀力/(kg/cm²)	膨胀率/% ÷ 压力/(kg/cm²)					膨胀力/(kg/cm²)
				0	0.25	0.5	0.75	1.0							
3号	粉质黏土	40	8.43	3.5	0.888	0.404	0.171	0.055	1.25	1.73/0	0.345/0.157	0.086/0.317	0/0.615		0.61
3号	粉质黏土	45	10.0							2.43/0.09	1.06/0.236	0.574/0.377	0.31/0.584	0.112/0.779	1.02
28号	砂质黏土	47	9.7	5.96	1.441	0.652	0.314	0.122	1.35	3.015/0	0.65/0.215	0.185/0.408	0.025/0.612	0/0.801	0.80

依据表2分析：土体膨胀量随压力的增大而降低。通常采用膨胀仪测定无荷载情况下的土体膨胀量最高，压缩仪退荷法次之，平衡法最低。从土体有荷载时膨胀量变化特征看，只要有一小荷载（如 0.25kg/cm²）膨胀量就会显著下降。这一特性说明，当有上覆压力时，土体膨胀性常被抑制，当上覆压力超过土体膨胀力时，膨胀性即不再显现。

2.3 膨胀土的收缩特性

土的体缩率是判断土体膨胀性的基本指标，四川省升钟和一些大中型水库土料收缩试验成果见表3。

表3　　　　　　　　　　　收 缩 试 验 成 果

工程名称	土料名称	黏粒含量/%	自由膨胀率/%	试前 γ_d/(g/cm³)	试前 ω/%	竖向收缩率/%	横向收缩率/%	体缩率/%
升钟28号料场	重粉质壤土	26.3	25	1.75	15.5	1.60	2.25	6.05
升钟3号料场	重粉质壤土	29.5	43	1.67	19.0	2.95	4.53	11.64
				1.75	16.5	2.55	3.11	8.70
升钟28号料场	重壤土	24.3	35	1.73	17.2	2.20	3.16	8.39
				1.79	15.2	1.55	2.14	5.90
升钟3号料场	粉质黏土	34.1	43	1.68	19.7	3.5	5.33	13.51
				1.75	16.7	2.75	3.81	10.09
沉抗水库	粉质黏土	33.8	41	1.73	17.6	2.30	6.12	14.03
升钟28号料场	砂质黏土	33.5	47	1.65	21.3	3.70	6.56	16.0
				1.72	19.1	3.55	5.47	13.8
天宝水库	黏土	52.5	47.5	1.42	26.3	4.1	5.55	15.2
沉抗水库	黏土	48.3	68	1.60	23.0	4.16	6.88	16.78
肖家沟水库	黏土	56.0	62	1.62	23.0	3.0	5.63	13.7

续表

工程名称	土料名称	黏粒含量/%	自由膨胀率/%	试前 $\gamma_d/(g/cm^3)$	试前 $\omega/\%$	竖向收缩率/%	横向收缩率/%	体缩率/%
道朝门水库	黏土	45.7	44	1.58	23.0	1.75	4.69	10.84
舒家坝水库	黏土	44.9	49.5	1.61	21.7	3.60	8.41	16.5
升钟40号料场	黏土	52.8	74	1.63	22.7	5.0	6.9	17.7

从表3成果看，土的体缩率、纵向收缩率、横向收缩率随自由膨胀率的增大而增大，有一个普遍特点，横向收缩率大于纵向收缩率，这与本区料场试坑中常见垂直裂缝宽度大于水平裂缝宽度的现象是一致的。再者，自由膨胀率小于40%情况下，体缩率仍比较大，表列干容重高达1.7g/cm³的黏土，体缩率仍可达10%以上，属于膨胀土范围。

3　膨胀土判别指标

目前国内外判别和评价膨胀土标准尚不统一，通常用自由膨胀率、体缩率、线缩率等作主要判别标准，用液限作参考指标，近来也有研究用土的抗剪强度及塑性图来判别。现根据四川省水利工程土样试验成果分别论述如下。

3.1　用土的抗剪强度判别膨胀土

膨胀土的危害表现为土体抗剪强度低，而抗剪强度与土的收缩性大小密切相关，目前国内外有关规范以土的体缩率 $e_S \geqslant 10\%$ 划为膨胀土。长江流域规划办公室科学院有关试验研究[2] 指出，黏土矿物为伊利石-蒙脱石（蒙脱石占10%以上）或高岭石-蒙脱石（蒙脱石占20%以上）类膨胀性土壤，按液限制样超压密固结快剪直剪强度 $\varphi < 15°$。土料强度太低于坝是不利的。

根据四川省几个工程土样实测体缩率 e_S 与抗剪强度饱和快剪内摩擦角 $\varphi_快$ 及固结快剪内摩擦角 $\varphi_固$ 关系，可以看出体缩 e_S 与内摩擦角（$\varphi_快$、$\varphi_固$）相关关系良好，内摩擦角随 e_S 增大而降低。但从全部点据观察，按 $e_S \geqslant 10\%$ 划分膨胀土，显见偏高。据图示点据判别标准应定为：$e_S \geqslant 8\%$、$\varphi_快 \leqslant 10°$、$\varphi_固 \leqslant 17°$ 为膨胀土；$e_S < 8\%$、$\varphi_快 > 10°$、$\varphi_固 > 17°$ 为非膨胀土，在150个样中符合率达83.3%以上。上述强度判别标准，与广西大学提出的判别值比较属于中等膨胀土以上范围。

3.2　自由膨胀率 F_S

已有的研究资料表明，土的物理、力学以及胀缩性与其矿物成分有着极为密切的关系。从工程观点看，同一地质条件，同类矿物成分的土，其物理力学及胀缩性能则与矿物含量多少有关。土壤稠度界限及黏粒含量则直接反映土的性状。根据8个工程280余组试验资料自由膨胀率随黏粒（<0.005mm）含量的增多、液限 W_L 和塑性指 I_P 的增大而增大，规律性较强。特别是自由膨胀率与液限、塑

性指数线性关系更为明显，可以建立下列关系：

（1）液限 W_L 与自由膨胀率 F_S 关系式：

$$W_L = 0.39F_S + 19.5 \qquad (1)$$

（2）塑性指数 I_P 与自由膨胀率 F_S 关系式：

$$I_P = 0.25F_S + 6 \qquad (2)$$

注：W_L 为现行规范中的 W_{10}。

上述关系说明，自由膨胀率能明确表达土的亲水性而直观反映土的膨胀性能。同时因其试验设备及操作测试都很简单，因而是判别膨胀土的一项简单易行的测试指标。

整理自由膨胀率与抗剪强度及自由膨胀率与体缩率的关系，可见内摩擦角 φ 随自由膨胀率 F_S 的增大而降低，体缩率 e_S 随自由膨胀率 F_S 的增大而增大。据试验统计可知 $F_S < 40\%$ 情况下，仍有许多土的内摩擦角较低而体缩率超过膨胀土标准。以 $e_S \geqslant 8\%$、$\varphi_{固} \leqslant 17°$ 判别标准相应，可以自由膨胀率 $F_s \geqslant 35\%$ 的标准划分膨胀土。

3.3 关于膨胀土在塑性图上的位置

《土工试验规程》（SD S01—79）指出各地区膨胀土在塑性图上分布的优势情况，$W_L \geqslant 46\%$ 属高液限黏质土类（CH），笔者将四川省 9 个工程 112 个膨胀样（满足判别标准 $F_S \geqslant 35\%$、$e_S \geqslant 8\%$、$\varphi_{快} \leqslant 10°$、$\varphi_{固} \leqslant 17°$）试验数据点绘在塑性图 1 上。从图 1 可知，绝大部分膨胀土属中液限黏质土类（CI），显然，以 $W_L \geqslant 40\%$ 作为判别膨胀土的标准，对四川省盆地土料完全不能适用。依图示点据，应以 $W_L \geqslant 33\%$ 作为判别参数。这一判别数据与式（1）计算完全符合。同时与文献［1］建立的关系式确定的膨胀土 $W_L \geqslant 34\%$ 是极为相近的。

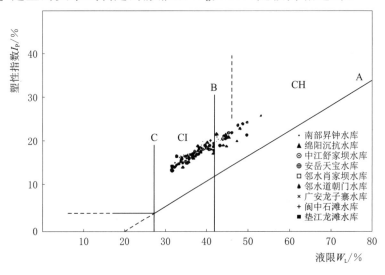

图 1 膨胀土在塑性图上的分布图

4 膨胀土筑坝的研究

膨胀土失水收缩遇水膨胀，尤其是饱和膨胀后强度显著降低。以致给工程造成隐患。筑坝中利用膨胀土主要在于改变膨胀土特性，现分述如下。

4.1 混合料的试验研究

提出使用混合料是基于改变膨胀土黏土矿物颗粒的含量。降低土的胀缩性，提高土的抗剪强度，同时还要考虑到混合土满足防渗要求，因此试验是从不同的混合比例着手的。

升钟水库膨胀土与非膨胀土不同混合比例的混合料试验成果见表 4。

表 4　　　　　混 合 料 试 验 成 果

土性	比重	液限/%	塑限/%	塑性指数	颗粒组成/%			自由膨胀率/%	体缩/%	击实（南25击）		饱和快剪				固结快剪	
					砂粒	粉粒	黏粒			含水量/%	干容重/(g/cm³)	C/(kg/cm²)	φ	C/(kg/cm²)	φ		
膨胀土	2.72	37.3	19.1	18.2	27.0	39.8	33.2	49.1	10.47	18.5	1.725	0.74	6°25′	0.68	10°21′		
非膨胀土	2.70	27.03	15.23	11.8	30.4	51.6	18.0	18.3	1.40	14.0	1.79	0.10	27°35′	0.10	23°48′		
膨(0.75)/非(0.25)	2.72	33.31	17.32	15.99	31.5	40.0	28.5		7.8	16.0	1.76	0.46	10°12′	0.46	14°59′		
膨(0.5)/非(0.5)	2.70	30.8	17.18	13.62	29.5	45.5	25.0		5.03	16.1	1.774	0.32	18°	0.32	19°55′		
膨(0.25)/非(0.75)	2.71	29.3	15.8	13.5	36.0	42.6	21.4		2.15	15.0	1.772	0.23	23°9′	0.23	23°59′		

由表 4 可见，混合料各项试验指标均在膨胀土与非膨胀土两个指标之间。根据膨胀土和非膨胀土试验指标，按照适当比例混合，即可得到理想的填筑坝体土料。

考虑到实际施工混合土料困难，可采用膨胀土与非膨胀土相间分层填筑，进行了试样中一半为膨胀土、另一半为非膨胀土的抗剪试验（即剪切面垂直于两种土接触面，简称对剪），以及切面通过两种土的接触面（简称层面剪）的抗剪试验，成果见表 5。

表 5　　　　　抗 剪 试 验 成 果

工程名称	土名	自由膨胀率 F_s/%	饱和快剪		固结快剪	
			C/(kg/cm²)	φ	C/(kg/cm²)	φ
舒家坝水库	重壤土	33	0.24	23°9′	0.22	24°14′
	黏土	48.5	0.86	1°43′	0.36	12°14′
	（对剪）		0.40	13°5′	0.26	18°8′

工程名称	土名	自由膨胀率 F_s/%	饱和快剪		固结快剪	
			C/(kg/cm^2)	φ	C/(kg/cm^2)	φ
升钟水库	黏土*		0.55	7°50′	0.47	14°58′
	壤土*		0.18	26°54′	0.13	30°7′
	(层面剪)*		0.28	23°16′	0.26	24°28′

* 五组土样试验平均值。

由表 5 成果证明，两种情况下的抗剪强度与两种土的平均强度相近，这与混合料效果是一致的。

4.2 土料混合的方式

在实际施工中，建议采用下述土料混合方式：

（1）膨胀土与非膨胀土相间成层堆放备料，立采装运上坝填筑达到混合的目的。

（2）土料场中土料往往含水量偏高，因此在备料中采用不同土料转运堆放、翻晒（拖拉机、推土机推耙），达到混合。

（3）四川浅丘地区，往往土料场小而分散，土层薄且不均一，在人工上坝条件下，组织不同料源同时上坝，也可达到混合的目的。

（4）小型工程也可直接采用分区、分层填筑。

4.3 工程实例

四川省正在建设中的升钟水库，是一个以灌溉为主结合防洪发电的大型水利工程，水库大坝为利用当地材料的"黏土心墙石渣坝"，坝高为 79m，心墙用土料34 万 m^3，大坝已于 1982 年建成。施工中因土性及土料含水量变化大，坝面难以控制，为保证心墙填筑质量及加快施工进度，在坝头附近土地坝设堆料场，把不同料场开采出的土料先转运至土地坝堆放，用推土机推、翻混合并晾晒一定时间以降低含水量，达到两种土料混合的良好效果。

据统计心墙填筑至高程 410.7m（已达大坝填筑量 80%），已上坝土料料场有3 号、6A 号、28 号等共 9 个，这些料场中黏土料多属膨胀土（表 1、表 2、表 3），根据料场试验资料及心墙填土质检 69 个大样全分析试验资料，分别整理对比见表6。由表 6 列成果可见：

（1）心墙填土达到良好的混合效果。填土中黏土液限、塑性指数、黏粒含量均比料场降低，亚黏土相应指标则增高，而料场与填土综合计算指标十分相近，绝非偶然，恰恰证明是由于实际填料混合的结果。

（2）填土压实效果是好的。由于土料混合，改变了的颗粒组成，因而获得更佳的压实效果，室内试验是这样，施工填土碾压质检成果也是这样。施工中如控制亚黏土含水量降低1‰，则亚黏土压实干容重还有一定提高，这已被施工现场质检单样试验资料所证实。

（3）施工填筑由于土料混合，不仅提高了土的抗剪强度，而且混合料中黏粒较亚黏土黏粒含量增加，土体渗透系数降低。更加满足防渗要求。

实践证明，坝体填筑中利用膨胀土采用混合料是可行的。

表6　　　　　　　　　升钟水库大坝心墙料场、填土试验成果表

| 项目 | 类别 | 比重 | 液限/% | 塑限/% | 塑性指数 | 颗粒组成/% | | | 压实 | | 饱和快剪 | | 固结快剪 | | 渗透系数 K_{10}/(cm/s) |
						砂粒	粉粒	黏粒	方式	最优含水量/%	干容重/(g/cm³)	C/(kg/cm²)	φ	C/(kg/cm²)	φ	
料场	黏土	2.72	35.6	18.1	17.5	21.7	42.8	35.5	南实仪25击	18.2	1.71	0.59	9°22′	0.47	14°50′	2.29×10⁻⁷
	亚黏土	2.71	28.8	16.0	12.8	35.4	40.0	24.6		15.7	1.78	0.40	16°57′	0.35	20°3′	1.19×10⁻⁶
	综合	2.72	33.9	17.9	16.0	27.7	41.6	30.7		17.1	1.74	0.50	12°57′	0.41	17°13′	6.76×10⁻⁷
心墙填土	黏土	2.71	33.0	17.7	15.3	25.9	41.1	33.0	羊足碾碾压	17.9	1.77	0.89	11°43′	0.76	22°10′	2.34×10⁻⁷
	亚黏土	2.71	30.9	16.6	14.3	30.6	42.1	27.3		17.2	1.78	0.80	14°10′	0.70	24°13′	5.22×10⁻⁷
	综合	2.71	32.1	17.2	14.9	27.8	41.6	30.6		17.6	1.77	0.86	12°32′	0.74	22°54′	3.47×10⁻⁷

5 结语

（1）四川"红层"地区黏性土，根据四川水利水电勘测设计研究院几年土样试验研究的结果，在土料勘探中，以自由膨胀率 $F_s \geqslant 35\%$、体缩 $e_s \geqslant 8\%$，饱和快剪内摩擦角 $\varphi_{快} \leqslant 10\%$，固结快剪内摩擦角 $\varphi_{固} \leqslant 17°$ 为膨胀土。液限 $W_L \geqslant 33\%$ 作参考判别指标。

（2）四川地区一般料场分散，土层厚度薄，土料缺少。再一个特点是雨多，土料含水量较最优含水量偏高，有一个晾土翻晒的过程。因此在施工中，大、小工程一般都可采用膨胀土与非膨胀土混合填筑的方法，改善土的胀缩性以满足筑坝土料质量要求。

土料混合的方式可采用本文介绍的几种方法。

（3）针对膨胀土遇水膨胀失水收缩、有荷载膨胀性即受到抑制的特点，膨胀土宜填筑在坝体中下部水分不易变化的部位，坝体上部水位变化区可采用胀缩性已被控制在非膨胀土标准的混合料，坝顶部位宜填筑非膨胀土以避免表层膨胀破坏及收缩开裂，确保坝体安全。

本文试验资料由南充地区升钟水库试验室、四川省水利水电勘测设计研究院试验室和地勘队试验站提供，在此一并致谢。

参考文献

［1］ 国家建工总局西南综合勘察院. 膨胀性土地基评价研究报告［Z］. 成都：国家建工总局西南综合勘察院，1980.

［2］ 长办科学院. 关于高岭、伊利和蒙脱土及其混合料的抗剪强度［R］. 长办科学院，1977.

风化砂、泥岩石渣作防渗料的研究 *

陆恩施

1 概述

20世纪70年代以来，随着科学技术的进步和施工机械、技术水平的提高，四川省大规模的水利工程建设中，传统设计采用的均质土坝坝型被由多种材料组合的土石坝坝型所替代，大型水利工程南部升钟水库为黏土心墙石渣坝就是典型的例证。然而为了开采防渗土料，不得不占用大量的农作物耕地，由此增加的费用是巨大的。同时地理环境、土料性质、气象条件等是土料填筑压实制约工程施工进度的重要环节。

20世纪80年代后期，为了满足工程建设的需要，工程技术界把视野拓宽到广泛分布于四川中部"红色地层"的风化砂泥岩料上，开展对风化砂、泥岩石渣料工程特性的研究，论证其作防渗料的适用性，并实际应用于水利工程大坝建设，取得良好的效益。采用风化砂泥岩石渣料替代黏土作土石坝防渗料，为筑坝材料选择及勘探提供了新领域，必将进一步推动土石坝建设的发展。

2 地层及岩性

四川盆地位于四川省中部，主要为侏罗系、白垩系地层（俗称"红层"），属内陆河、湖泊相沉积。岩层以韵律层状砂岩或泥质砂岩、泥岩或砂质泥岩互层为主，间夹薄层透镜体，主层厚度数米至数十米不等。泥岩多呈紫红色、棕红色、棕紫色、杂色等。砂岩风化呈褐黄色、黄色。部分工程勘察用作防渗料的砂、泥岩岩石薄片鉴定，化学分析及成果分别列于表1、表2、表3。

在防渗料勘探中，多选择岩石强度低属极软岩类的泥岩或泥质含量高的泥质砂岩。经小于$2\mu m$粒组化学分析，硅铝比均大于3，类比大量工程资料知"红层"岩石黏土矿物主要为伊利石水云母或伊利石—蒙脱石，这取决于介质环境条件，当pH值大于8为强碱性时，黏土矿物除伊利石水云母为主外，尚具一定含量蒙脱石，如双溪水库泥岩。随着组成这类岩石的泥质物、碎屑物、钙质物含量的不

---

* 本文发表于《成都水利》1999年第1期。该论文在第30届国际地质大会上宣读交流并荣获成都市第五次科技论文一等奖。

表1　岩石物理力学成果

工程	地层	岩石名称	物理					力学性质		
			干密度 /(g/cm³)	含水量 /%	比重	孔隙率 /%	吸水率 /%	崩解	干抗压强度 /MPa	湿抗压强度 /MPa
双河口水库	K₁t	粉砂质泥岩	$\dfrac{2.04\sim2.09}{2.06}$	8.40	2.69	23.4		崩解	$\dfrac{1.39\sim1.88}{1.61}$	
	J₃p	泥质粉砂岩	$\dfrac{2.28\sim2.32}{2.29}$	3.32	2.66	13.9		崩解	$\dfrac{7.91\sim8.49}{8.21}$	
		泥质砂岩	$\dfrac{2.29\sim2.36}{2.33}$		2.68	13.1	$\dfrac{5.17\sim6.15}{5.63}$	崩解成块状	$\dfrac{11.79\sim12.12}{11.96}$	$\dfrac{7.43\sim9.44}{8.74}$
双溪水库	J₃₋₂z	含钙泥岩	$\dfrac{2.13\sim2.27}{2.20}$	$\dfrac{4.74\sim7.52}{5.90}$	2.78	20.9		崩解成泥	4.42	
		泥岩	$\dfrac{2.02\sim2.09}{2.05}$	7.14	2.78	26.3		崩解成泥	2.76	
武都水库	J₃sn	钙质泥岩	$\dfrac{2.38\sim2.49}{2.45}$		$\dfrac{2.75\sim2.77}{2.76}$	$\dfrac{9.78\sim13.77}{11.2}$	$\dfrac{6.55\sim13.47^{\triangle}}{8.84}$	崩解成碎块状	$\dfrac{7.04\sim14.62}{10.87}$	$\dfrac{1.09\sim6.66}{3.71}$

△ 干燥—饱和吸水率。

表2   岩 石 矿 物 鉴 定

工程	地层	岩石名称	结构及构造	矿 物 组 成
双河口水库	$K_1^1 t$	含粉砂钙质泥岩	粉砂泥质结构,层状构造	泥质物占52%～62%,主要为尘状泥质质点及少部分鳞片状水云母,碳酸盐矿物占20%～25%,主要为微晶方解石及部分隐晶方解石。碎屑占15%～20%,主要为粉砂级石英,长石及硅质岩屑少量。氢氧化铁物为3%左右
		钙泥质胶结砂岩	细砂质粉砂质结构,层状结构	碎屑物占63%～64%,其中:以石英为主占51%,长石占9%～10%,岩屑占2%,云母占1%,石英颗粒大部分裂纹发育,长石主要为斜长石,少量钾长石,部分长石解理发育,部分被水、绢云母及黏土物交代。泥质占20%,主要为尘状泥质质点,部分为鳞片状水云母,钙质占15%,主要为微晶方解石,部分隐晶方解石。氢氧化铁物占1%～2%
	$J_3^3 p$	钙泥质胶结砂岩	粉砂状结构,层状结构	碎屑物占55%,其中:石英占46%,长石占4%,岩屑占3%,云母占1%。长石可见双晶纹或解理,表面有分解产物绢云母。 泥质物占30%,主要为隐晶泥质及鳞片状水云母,均被铁质渲染呈不同褐红色调。钙质占13%,为方解石组成的泥晶、微晶集合体,铁质占2%
双溪水库	$J_{1-2}^3 z$	含钙泥岩	泥状结构	泥质物占81%～85%,主要为尘状隐晶泥质质点,部分为鳞片状水云母,被氧化铁渲染为褐色呈半透明状。钙质占10%～13%,主要是方解石,为微晶及泥晶,呈星点分布,与泥质物相混。石英占2%～4%,铁质占2%～3%
		泥岩	泥状结构	泥质物占94%,泥质呈隐晶集合体,被铁质渲染为棕红色,部分为鳞片状水云母。石英占3%,铁质占3%。
武都水库	$J_3 sn$	钙质泥岩	泥状结构	泥质物占64%～71%,主要为隐晶状,部分为鳞片状水云母,被铁质渲染呈黄褐色。 钙质为方解石,占26%～30%,主要为微晶,部分为隐晶,多呈分散状,有的集合成小斑点,与泥质物相混。石英碎屑占1%～4%,铁质占2%。 岩石中可见灰绿色、灰褐色斑点及团块,其成分与岩石相同,而含量有所差异

表3   岩 石 化 学 分 析 成 果

工程	地层	岩石名称	化 学 成 分							易溶盐/%	有机质/%	pH值
			SiO_2/%	Fe_2O_3/%	Al_2O_3/%	CaO/%	MgO/%	烧失量/%	$\dfrac{SiO_2}{Al_2O_3}$			
双河口水库	$J_3^3 p$	粉砂质泥岩	50.22～51.22	5.32～5.74	25.12～26.16	0.24～0.36	2.30～2.56	8.72～9.98	3.26～3.46	0.05～0.08	0.17～0.71	
双溪水库	$J_{1-2}^3 z$	含钙泥岩	51.94～53.80	4.09～5.90	25.44～26.51	0.51～0.88	1.87～2.52	7.50～8.05	3.41～3.52	0.037～0.055	0.17～0.20	8.3～9.3
		泥岩	53.29	4.19	26.29	0.94	2.06	8.08	3.44	0.041	0.22	8.9
武都水库	$J_3 sn$	钙质泥岩	50.64～52.80	4.05～4.91	26.64～27.81	0.09～2.84	2.77～3.30	7.61～8.11	3.14～3.27	0.03～0.05	0.19～0.35	7.70～7.88

同，岩石中黏土矿物成分的差异，岩石风化程度及岩石密度等，形成岩石不同的强度和水理特性，都将影响渣料工程力学特性。

目前的工程实践用于作防渗料的砂泥岩，多系用强风化及少量弱风化混合石渣料，开采深度数米至十余米。

3 防渗风化砂泥岩石渣料的工程特性

在防渗石渣料的研究中，料场取料采用爆破开采，石渣料最大块径一般为150～200mm，<5mm含量为10%～30%；以5～60mm粒径含量为主，占50%以上。

3.1 泥岩石渣料细粒的基本性质

在防渗石渣料工程特性的研究中，查明组成泥岩的颗粒组成及水理性质，有利于分析石渣料的工程力学特性，经破碎碾散后，测试的部分泥岩石渣细料基本性质列于表4。

表4　　　　　　　　　　　　泥岩石渣细料基本性质指标

工程名称	岩石名称	数值含义	颗粒组成/%			界限含水量/%			自由膨胀率/%
			>0.050mm	0.050～0.005mm	<0.005mm	W_L	W_P	I_P	
双溪水库	含钙泥岩及泥岩	范围值	19～35.5	24.2～44.5	28.7～43.5	32.0～41.7	13.6～18.9	17.1～23.0	41.5～60.5
		平均值	25.2	38.2	36.0	37.4	17.2	20.2	51.8
武都水库	钙质泥岩	范围值	6.7～26.5	49.7～59.6	23.8～37.1	24.0～32.7	12.4～17.3	11.6～16.5	13.5～33.5
		平均值	15.5	53.2	31.3	29.0	15.4	13.6	21.0

由表2、表3、表4说明，组成泥岩的黏土矿物成分是不同的，双溪泥岩黏土含量稍高，液限及塑性指数较大，自由膨胀率大于40%，岩块浸水崩解成泥状，证明其黏土矿物属亲水膨胀性的水云母—蒙脱石矿物，双溪含钙泥岩，泥岩属膨胀岩。武都钙质泥岩岩块浸水崩解成碎块状，干燥—饱和吸水率小于25%，自由膨胀率小于40%，液限及塑性值较低，表明武都钙质泥岩为非膨胀性岩。

3.2 石渣料的压实特性

防渗石渣料压实研究成果见表5。

（1）由于用作防渗料的砂泥岩石质地软弱，岩石抗压强度较低，在标准压实功能条件下，石渣料颗粒级配有不同程度的细化，其破碎率随岩石强度的大小及石渣料小于5mm的含量多少而变，双溪水库泥岩强度最低，因而击实后小于5mm的含量平均增加达33%。而岩石强度相对较高的武都钙质泥岩石碴，击后小于5mm的含量平均增加仅为9.5%。双河口水库强度低的$K_1^1 t$砂泥岩石渣与强度较高的$J_3^3 p$砂泥岩石渣比较，前后击实后小于5mm的含量则增加较多。

表 5　防渗石渣料压实研究成果

工程名称	用料	击实					机具	铺土厚度/cm	碾压遍数	碾压		干密度/(g/cm³)	含水量/%	备注
		击次	<5mm含量/% 击前	<5mm含量/% 击后	最大容重/(g/cm³)	最优含水量/%				<5mm含量/% 碾压前	<5mm含量/% 碾压后			
双河口水库	$K_1^1 t$ 砂岩70% 泥岩30%	3×44	30		1.90	12	11.2T 羊足碾	25~30	18	$\dfrac{32.8\sim45.4}{39.7}$	$\dfrac{47.6\sim68.0}{56.2}$	1.87	10~13	碾压试验成果
	$J_3^3 p$ 砂岩66% 泥岩34%	3×44	30		2.02*	10.1*	11.2T 羊足碾	25~30	18	$\dfrac{31.7\sim39.7}{36.8}$	$\dfrac{36\sim49.6}{43.5}$	1.96	7~11	碾压试验成果
双溪水库	$J_{1-2}^3 z$ 含钙泥岩 及泥岩	3×44	$\dfrac{8.5\sim17.5}{13.5}$	$\dfrac{38.9\sim53.8}{46.5}$	$\dfrac{1.86\sim2.03}{1.92}$	$\dfrac{12.6\sim16.3}{15}$	13.5T 凸块振动碾	40	8~10			$\dfrac{1.80\sim1.99^\triangle}{1.86}$	$\dfrac{11.1\sim19.5^\triangle}{14.3}$	
武都水库	$J_3 sn$ 钙质泥岩	3×44	$\dfrac{14.4\sim48.7}{28.1}$	$\dfrac{26.2\sim51.5}{37.6}$	$\dfrac{1.89\sim2.06}{1.97}$	$\dfrac{9.3\sim13.5}{11.5}$								

* 泥质砂岩成果。

△ 大坝斜墙施工质检成果。

（2）石渣料的压实最大干密度、最优含水量与岩性、岩石密度关系密切，岩石密度高，石渣料压实干密度大，泥质物含量多则最优含水量高。风化砂、泥岩石渣料与一般黏土比较，压实干密度大于一般黏性土干密度。

（3）在研究石渣料级配与压实干密度的关系中，双溪水库曾采用两种不同备料级配，小于 5mm 含量分别为 8.5%～11.5%（等量替代法）和 23.4%～28%（相似级配法），其击实最大干密度、最优含水量基本一致，表明压实与石渣料级配关系并不敏感。因此，这类风化泥岩石渣在开采中不必过分细化。同时据其天然含水量低于最优含水量及遇水崩解泥化的特点，在取料开采中，可采用松动爆破后，即在料场对爆破后的泥岩石渣加水，达到促进岩块崩解细化和控制上碾压最优含水量的目的。

3.3 石渣料的渗透性

石渣料压实后的渗透试验成果见表 6。

表 6 石渣料压实后的渗透试验成果

工程	用料	室内试验			现场注水	备注
		控制干密度 /(g/cm³)	临界坡降	渗透系数/(cm/s)	渗透系数/(cm/s)	
双河口水库	$K_1^1 t$ 砂岩70%，泥岩30%	1.88		$\dfrac{1.0\times10^{-5}\sim4.6\times10^{-6}}{7.5\times10^{-6}}$	$\dfrac{6.6\times10^{-6}\sim1.7\times10^{-6}{}^*}{4.18\times10^{-6}}$	
	$J_3^3 p$ 泥质砂岩	2.0		$\dfrac{1.0\times10^{-4}\sim7.4\times10^{-5}}{8.6\times10^{-5}}$		
	$J_3^3 p$ 砂岩70% 泥岩30%	2.0		$\dfrac{6.7\times10^{-5}\sim3.0\times10^{-5}}{4.85\times10^{-5}}$	$\dfrac{7.1\times10^{-6}\sim2.2\times10^{-5}{}^*}{4.73\times10^{-6}}$	
双溪水库	J_{1-2}^3 含钙泥岩	$\dfrac{1.79\sim1.97}{1.86}$	$\dfrac{1.83\sim53.4}{33.7}$	$\dfrac{5.6\times10^{-6}\sim2.48\times10^{-7}}{1.89\times10^{-6}}$		勘测资料
		$\dfrac{1.80\sim1.99}{1.86}$		$\dfrac{7.4\times10^{-6}\sim1.29\times10^{-7}}{2.24\times10^{-6}}$	$\dfrac{2.80\times10^{-6}\sim1.99\times10^{-7}}{1.08\times10^{-6}}$	大坝斜墙质检成果
武都水库	$J_3 sn$ 钙质泥岩	$\dfrac{1.85\sim2.02}{1.92}$	$\dfrac{11.05\sim38.66}{19.92}$	$\dfrac{3.56\times10^{-5}\sim3.62\times10^{-7}}{1.07\times10^{-5}}$		

* 碾压试验成果。

由于武都水库钙质泥岩强度相对较高，击实中颗粒破碎率较低，石渣料中压实前后小于 5mm 含量的多少将影响压实石渣料的透水性，不同小于 5mm 含量时的渗透试验成果见表 7。

表 7　　　　　　　　　　　　　渗透系数与小于 5mm 含量的关系

式样编号	干密度/(g/cm³)	<5mm 含量/%		渗透系数
		击实前	击实后	
TK2	2.02	14.4	26.2	$6.55×10^{-4}$
		50		$1.22×10^{-5}$
TK4	2.02	15.3	39.8	$2.67×10^{-5}$
		50		$9.22×10^{-6}$

试验研究表明：

（1）风化砂泥岩石渣料渗透系数不大于 $A×10^{-5}$ cm/s 量级，并有较高的抗渗强度，用作防渗料满足水工土石坝防渗体土料的质量技术标准，可替代黏土用于大坝防渗体填筑。

（2）强度较高的钙质泥岩石渣料用于防渗体填筑时，因其不易崩解及压实破碎率低，故在爆破开采中，应对石料中小于 5mm 含量研究必要具备的数量，以保证石渣料压实体渗透系数满足防渗的要求。

（3）双河口水库采用泥质砂岩与泥岩混合料，其渗透系数达 $A×10^{-5}$～$A×10^{-6}$ cm/s 量级，满足防渗体用料要求。单纯的泥质砂岩石渣料渗透系数满足均质土坝用料。

3.4　石渣料的膨胀特性

研究砂泥岩石渣料的膨胀特性，有利于石渣料使用填筑部位的设计及工程措施的选择。目前对于泥岩石渣料压实体的胀缩特性尚无深入的研究，采用石渣细粒部分的膨胀性研究，仅是定性的结论，供坝体用料设计参考。表 8 列出了泥岩石渣料细粒部分膨胀性成果。

表 8　　　　　　　　　　　　　泥岩石渣料膨胀试验成果表

工程	用料	数值含义	自由膨胀率/%	膨　胀		
				干密度/(g/cm³)	膨胀力/kPa	膨胀率/%
双溪水库	含钙泥岩及泥岩	范围值	41.5～60.5	1.77～1.92	34.3～78.5	1.72～3.91
		平均值	51.8	1.85	54.9	2.67
武都水库	钙质泥岩	范围值	13.5～33.5	1.82～1.95	25.0～37.0	
		平均值	21.0	1.88	31.4	

比较两工程泥岩膨胀性指标可知，双溪泥岩细料自由膨胀率大于 40%，属膨胀岩，虽填筑干密度低于武都钙质泥岩石渣料干密度，但膨胀力却较大，其最大值达 78.5kPa，是武都泥岩石渣料的两倍。这一特性反映出，双溪泥岩石渣用于防渗体填筑时，需考虑填筑部位，留有足够的盖重，以限制浸水膨胀反应，保证防渗体安全。

3.5　石渣料的力学特性

表 9 列出了砂泥岩石渣料力学性成果。

表9

石 渣 料 力 学 性 能 成 果

工程	用料	数值含义	干密度/(g/cm³)	饱和快剪 φ	饱和快剪 C/kPa	饱和固结快剪 φ	饱和固结快剪 C/kPa	非饱和快剪 φ	非饱和快剪 C/kPa	压缩系数/MPa	备注
双河口水库	$J_3^3 p$ 砂岩66% 泥岩34%	范围值		23°20'~25°31'	57~85			0.041~0.061			碾压试验成果
		平均值	1.98							0.051	
	$K_1^1 t$ 砂岩70% 泥岩30%	范围值				20°18'~20°30'	81~101			0.092~0.112	
		平均值	1.89			24°34'	66			0.102	
		范围值	1.79~1.97	5°34'~16°26'	60~100	13°13'~22°10'	60~110	9°56'~16°58'	80~120	0.21~0.27	勘测资料
		平均值	1.86	13°8'	60	15°49'	90	15°22'	80	0.26	
双溪水库	J_3^{1-2} 含钙泥岩及泥岩	范围值	1.81~1.99	7°32'~17°13'	52~77	15°6'~24°20'	57~82			0.046~0.28	斜墙施工自检资料
		平均值	1.89	11°35'	68	18°38'	64			0.134	
武都水库	$J_3 sn$ 钙质泥岩	范围值	1.92~2.02	9°24'~16°47'	41~84	14°53'~22°55'	7~46			0.11~0.28	抗剪强度为三轴试验成果
		平均值	1.96	12°24'	65	18°5'	31			0.23	

由表 9 列成果可见：

（1）风化砂、泥岩混合料抗剪强度高于泥岩石渣料强度，混合料压缩系数低于泥岩石渣料。

（2）泥岩石渣料抗剪强度及压缩系数与一般黏土相近，属中等压缩性材料，满足土石坝防渗土料要求的技术标准。

4 工程实例

4.1 双河口水库工程

双河口水库位于四川省中江县兴隆场东北 3.5km 麻柳河上游的双河口，为人民渠七期续建配套的中型囤蓄水库工程。原坝为一座高 16m 的均质土坝，根据规划拟在原坝上续建加高，最大坝高为 46.7m，总库容为 1874 万 m³，灌溉面积为 21.6 万亩，如图 1 所示。

原续建设计方案为黏土斜墙石渣坝型。因续建土料为中等膨胀土，力学强度低，坝坡较缓，坝体工程量大，取土需占用农田 89 亩，同时库区多年平均降雨量为 908.6mm，不利于黏土料施工。经勘测试验研究，采用风化砂泥岩混合料替代黏土料用于防渗体，实际施工采用 13.5t 凸块振动碾碾压砂泥岩混合石渣料，压实进度及质量有进一步提高，减少工程量 31%，节约了大量资金。大坝于 1991 年 2 月建成，当年蓄水至今运行正常。

4.2 双溪水库工程

双溪水库位于荣县旭水河上游，大坝为黏土斜墙土石坝，坝高为 50m，总库容为 5800 万 m³。

由于黏土料场位于坝址上游一级阶地，土料天然含水量偏高，施工中土料含水量的处理，严重影响施工进度及质量，考虑到大坝防洪度汛填筑工程的需要，经勘测试验研究水库左岸风化泥岩石渣料质量技术特性，并经碾压试验确定施工参数，主要指标为：压实机具采用 13.5t 凸块振动碾；铺料厚度为 40cm；碾压 8～10 遍；控制干密度为 $\rho = 1.80\text{g/cm}^3$、含水率 $\omega \geqslant 13\%$。

双溪水库大坝采用风化泥岩石渣料实际填筑于斜墙防渗体高程 372.5～380.0m，如图 2 所示。经施工质量检查，压实合格率为 100%。力学指标及渗透系数均满足设计要求。大坝于 1993 年基本建成，1993 年 6 月 30 日蓄水，大坝监测斜墙无异常现象，水库运行良好。

5 结论

（1）在勘察试验研究的基础上，采用风化砂泥岩石渣料替代黏土作土石坝防渗料，经工程实践证明是成功的，取得了显著的经济效益及社会效益，值得推广。

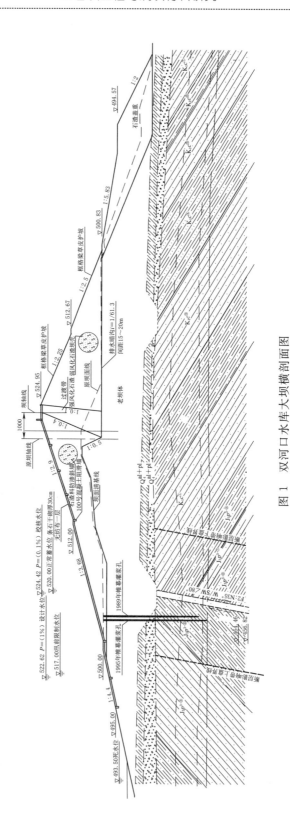

图 1 双河口水库大坝横剖面图

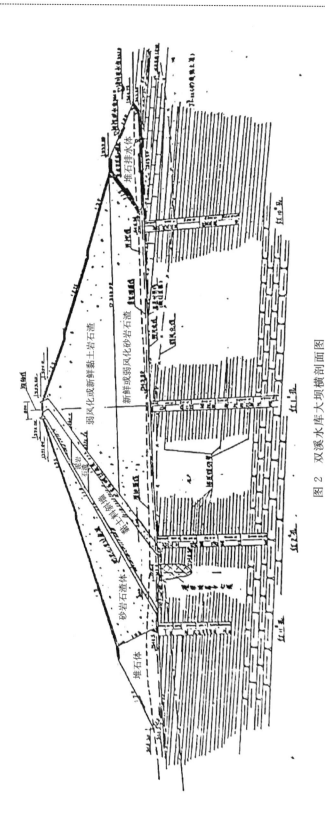

图 2　双溪水库大坝横剖面图

研究当地材料坝坝型时，应将风化砂泥岩石渣列入天然建筑材料勘察计划。

（2）用作防渗体的砂泥岩石渣料，应进行室内外试验研究，论证其作防渗料的适用性。对风化砂泥岩的矿物组成、强度及崩解特性的研究，石渣料不同级配压实干密度的研究，泥岩胀缩特性等的研究，在风化砂泥岩石渣料用作防渗料的研究中是极其重要的，上述特性的分析研究，对坝料设计、坝体填筑部位、施工方法、进度及节约投资都有实用价值。

（3）风化砂泥岩石渣料的开采，在保证填筑体防渗功能前提下，部分弱风化砂泥岩可掺于其中，以提高填筑体密度及强度，减少坝体压缩变形量，有利坝体安全。

利用挤压破碎带石渣作反滤过渡料的研究 *

孙　陶　陆恩施

摘　要： 本研究通过试验论证挤压破碎带石渣料的物理力学性质完全满足心墙土石坝反滤过渡料的技术要求，这种挤压破碎带石渣料作心墙土石坝反滤过渡料的成功应用节省了工程造价，并且为今后的坝料应用开辟了新途径。

关键词： 挤压破碎带；石渣料；反滤过渡料

1　概述

　　晃桥水库位于四川省攀枝花市米易县安宁河流域一级支流草场河中段凉水井峡谷地段，是一项以农业灌溉兼城市供水等综合利用的中型水利工程，水库总库容为 1890 万 m^3，最大坝高为 69m，坝型为砾质土和坡残积红土心墙堆石坝。Ⅱ号堆石料场开采中发现一约 45m 的挤压破碎带，其中破碎带宽 30m，影响带宽 15m。研究的目的在于论证其用于反滤过渡料的可能性。

2　岩矿鉴定和化学分析

　　通过岩块鉴定可知，挤压破碎带中岩石主要有闪长岩、闪长玢岩及石英正长岩，而岩石因受构造应力作用，有动力变质现象，岩石成碎斑结构、碎裂状结构、半自形粒状结构，裂隙发育多呈网脉状及断续分布，而岩石矿物颗粒绝大部分大于 0.1mm，小于 0.1mm 的颗粒含量在岩石中所占比例小于 10%，这将构成挤压破碎带渣料基本级配状况。

　　挤压破碎带中小于 5mm 组料化学分析成果列于表 1。

表 1　　　　　　挤压破碎带中小于 5mm 组料化学分析成果

试验编号	分析结果/%						可溶盐/%	有机质/%	pH 值	备　注
	SiO_2	Fe_2O_3	Al_2O_3+ (TiO_2)	CaO	MgO	灼减				
晃 1-1	47.9	19.66	13.24	6.83	5.13	2.12	0.11	0.10	6.7	破碎带小于 5mm 渣料
晃 1-2	47.92	19.66	13.24	6.83	5.13	2.16	0.10	0.10	6.7	

---

*　本文发表于《水利水电技术报导》2000 年第 2 期。

试验编号	分析结果/%						可溶盐/%	有机质/%	pH 值	备 注
	SiO₂	Fe₂O₃	Al₂O₃＋(TiO₂)	CaO	MgO	灼减				
晃2-1	46.66	19.83	13.47	6.83	5.47	1.57	0.08	0.08	6.5	影响带＜5mm 渣料
晃2-2	46.70	19.83	13.47	6.83	5.47	1.59	0.07	0.08	6.5	

注 晃1为破碎带，晃2为影响带。

由表1列成果可知细料中可溶盐、有机质极微，而无论在破碎带或影响带内，化学成分含量极其相近，且影响带烧失量低于破碎带烧失量，但总量均不高，其pH值均属弱酸性，表明其性质稳定。

3 挤压破碎带石渣料工程性质

3.1 基本性质

破碎带和影响带的实测级配如图1所示。

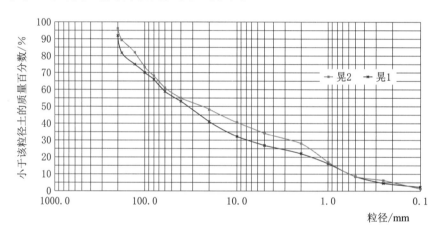

图1 晃桥水库破碎带和影响带实测级配

由图1可知，破碎带小于5mm的颗粒含量为26.8%，小于0.1mm的颗粒含量为2.1%，不均匀系数为101.7，曲率系数为1.54；影响带小于5mm的颗粒含量为34.3%，小于0.1mm的颗粒含量为1.4%，不均匀系数为95.0，曲率系数为0.21，级配连续。

由表2可知，振动时间小于5min振动最大干密度随振动时间的增大而增大，当振动时间等于5min时振动最大干密度基本上为最大值。破碎带和影响带母岩强度较低，因此振动后小于5mm的颗粒含量增量较大，分别为11.0%～15.8%和11.3%～17.6%，振动后小于5mm的颗粒含量分别为37.8%～42.6%和45.6%～51.9%，而振后小于0.1mm的颗粒含量为3.5%～7.7%，满足反滤过渡料对级配的要求。破碎带和影响带按 1∶1 和 1∶0.75 的比例混合振动 8min 后小于 5mm 的颗粒含量为 47.7% 和 51.0%，小于 0.1mm 的颗粒含量为 4.9% 和 4.6%，仍然满足反滤料对级配的要求；其振动最大干密度分别为 2.25g/cm³ 和 2.27g/cm³，与混合前两种料的振动最大干密度相差不大。

表 2　　　　挤压破碎带料级配及干密度与振动时间关系成果

坝料编号	振动时间/min	颗粒组成及各粒组成百分含量/%											振后<5mm增量/%	振动	
		60~40	40~20	20~10	10~5	5~2	2~1	1.0~0.5	0.50~0.25	0.25~0.10	<0.1	<5		最大干密度/(g/cm³)	最小干密度/(g/cm³)
晃1	0	15.0	24.0	20.0	14.2	4.5	7.4	6.1	3.3	3.4	2.1	26.8	0.0		
	3	8.1	21.1	19.4	13.3	5.2	8.9	8.0	4.8	6.4	4.8	38.1	11.3	2.22	1.65
	4	7.5	23.8	17.7	13.2	9.1	10.0	7.0	3.8	4.1	3.8	37.8	11.0	2.25	1.63
	5	8.4	20.8	18.3	14.0	5.8	9.7	8.2	4.7	5.4	4.7	38.5	11.7	2.27	1.66
	6	6.8	21.0	18.0	14.0	7.6	7.6	4.1	4.1	4.5	5.7	40.5	13.7	2.27	1.66
	8	8.1	18.8	17.9	12.6	4.6	8.5	8.5	5.6	7.7	7.7	42.6	15.8	2.30	1.68
晃2	0	15.8	18.0	16.3	15.6	6.7	10.9	8.5	4.2	2.6	1.4	34.3	0.0		
	3	10.3	15.8	14.8	13.5	7.3	12.3	10.9	6.4	5.2	3.5	45.6	11.3	2.23	1.73
	4	7.8	15.8	14.9	13.0	7.7	12.9	12.1	6.7	5.3	3.8	48.5	14.2	2.25	1.71
	5	7.1	15.1	13.4	12.5	6.2	13.3	14.2	8.0	6.1	4.1	51.9	17.6	2.26	1.71
	6	8.9	14.1	13.0	13.4	8.2	13.8	12.9	6.8	5.3	3.6	50.6	16.3	2.25	1.71
	8	8.0	14.6	13.5	12.9	7.0	13.7	13.5	7.2	5.7	3.9	51.0	16.7	2.25	1.71
混1	8	9.5	16.9	13.8	12.1	7.4	11.7	10.5	6.2	4.9		47.7	17.1	2.25	1.68
混2	8	9.7	14.3	12.6	12.4	10.2	13.0	11.5	6.1	5.6	4.6	51.0	21.0	2.27	1.70

注　混1比例1∶1；混2比例1∶0.75。

3.2　渗透特性

由表 3 可知破碎带和影响带及其混合料渗透系数为 $5.17 \times 10^{-4} \sim 1.67 \times 10^{-3}$ cm/s，而且具有较高的抗渗强度，其临界坡降为 3.82~5.11。通过高水头试验（水力坡降大于 50.0），无论是破碎带和影响带料，还是其混合料，它们的抗渗规律基本一致，即水力坡降低于临界坡降时流速 V 和水力坡降 i 完全满足达西定律（$V = ki$）；水力坡降超过临界坡降时有少量浑水和气泡，随水力坡降的增大浑水和气泡增多，其双对数坐标抗渗曲线仍然在 45°线附近波动，没有产生破坏象征，说明这种料具有很高的破坏坡降。

表 3　　　　　　　　　　　挤压破碎带料渗透特性成果表

试样编号	比重	控制干密度/(g/cm³)	孔隙率/%	<5mm含量/%	<0.1mm含量/%	渗透系数/(cm/s)	临界坡降
晃1	2.89	2.23	22.8	26.8	2.1	5.17×10^{-4}	5.11
晃2	2.92	2.19	25.0	34.3	1.4	1.94×10^{-3}	3.82
混1（晃1晃2混合比例1:1）	2.91	2.18	25.1	30.6	1.8	1.98×10^{-3}	4.11
		2.22	23.7			1.82×10^{-3}	4.31
混2（晃1晃2混合比例1:0.75）	2.90	2.20	24.1	30.0	1.8	1.67×10^{-3}	4.01
		2.22	23.4			2.45×10^{-3}	4.29

由于这种材料的粗细充填关系较好，粗细颗粒间相互约束限制其在外力作用下发生相对位移；而且小于 0.1mm 细粒含量较小（压实后小于 7.7%），在水的冲刷作用下不会影响整体破坏。在机械压实过程中由于颗粒破碎进一步改善了粗细颗粒间的充填关系，而提高了抗渗坡降。

3.3　压缩变形性质

由于破碎带和影响带母岩强度较低，而且级配较好，易压实，所以压实后其压缩变形较小，属低压缩性材料。表 4 中，在饱和状态下其压缩系数 $a_{V1-2}=0.036\sim0.046\text{MPa}^{-1}$、压缩模量 $E_{S1-2}=28.0\sim37.05\text{MPa}$，非饱和状态下压缩系数 $a_{V1-2}=0.020\sim0.023\text{MPa}^{-1}$，$E_{S1-2}=57.01\sim66.36\text{MPa}$；这种低压缩性满足反滤过渡料的技术要求。

3.4　抗剪强度特性

破碎带、影响带及其混合料抗剪强度的线性及非线性强度指标列入表 5。

表 4　　　　　　　　　　　挤压破碎带料压缩变形特性成果表

试样编号	比重	控制干密度	试验状态	试验参数	垂直压力/MPa					
					0.0	0.1	0.2	0.4	0.8	1.6
晃1	2.89	2.23	饱和	孔隙比 e	0.296	0.285	0.280	0.273	0.259	0.235
				压缩系数 a_V	0.110	0.046	0.036	0.036		0.030
				压缩模量 E_S	11.75	28.00	35.70	35.78		43.37
混1（晃1晃2混合比例1:1）	2.91	2.18	饱和	孔隙比 e	0.335	0.325	0.321	0.315	0.305	0.282
				压缩系数 a_V	0.104	0.036	0.031	0.025		0.029
				压缩模量 E_S	12.90	37.05	42.67	54.34		46.35
			非饱和	孔隙比 e	0.335	0.323	0.320	0.315	0.305	0.284
				压缩系数 a_V	0.122	0.023	0.027	0.026		0.026
				压缩模量 E_S	10.91	57.01	50.30	50.98		51.30

续表

试样编号	比重	控制干密度	试验状态	试验参数	垂直压力/MPa					
					0.0	0.1	0.2	0.4	0.8	1.6
混2（晃1晃2混合比例1∶0.75）	2.90	2.20	饱和	孔隙比 e	0.318	0.309	0.305	0.299	0.289	0.269
				压缩系数 a_V		0.092	0.037	0.031	0.026	0.025
				压缩模量 E_s		12.30	35.39	43.23	51.39	53.62
			非饱和	孔隙比 e	0.318	0.313	0.311	0.308	0.301	0.287
				压缩系数 a_V		0.054	0.020	0.017	0.016	0.017
				压缩模量 E_s		24.61	66.36	79.68	82.24	77.28

　　成果可知，破碎带、影响带及其混合料的线性强度性质为：$\varphi_{CD} > \varphi_{UU}$、$C_{UU} > C_{CD}$，也就是说饱和固结排水具有较高的内摩擦角，非饱和不固结不排气剪具有较高的咬合力。非线性强度性质表现为非饱和不排气剪的 φ_0 值较大，但衰减角 $-\Delta\varphi$ 也较大，这与线性强度的性质是相吻合的，总体来看饱和固结不排水剪的抗剪强度稍低。这种材料总体具有较高的抗剪强度。

表5　　　　　　　　　　　　　挤压破碎带料抗剪强度成果表

试样编号	试验方法	线性抗剪指标		非线性强度指标			
				莱普斯式/(°)		德迈洛式	
		$\varphi/(°)$	C/MPa	φ_0	$-\Delta\varphi$	A	m
晃1	CD	39.03	0.051	44.2	3.29	0.866	0.950
	CU	38.42	0.029	42.95	3.37	0.827	0.948
	UU（非饱和）	33.14	0.143	52.50	13.72	0.803	0.789
混合1（1∶1）	CD	40.53	0.046	45.61	3.43	0.906	0.948
	CU	38.25	0.065	46.17	5.48	0.860	0.916
混合2（1∶0.75）	CU	38.82	0.043	43.65	3.22	0.852	0.951
	UU（非饱和）	33.66	0.152	53.08	13.53	0.825	0.793

4　挤压破碎带石渣料碾压试验

　　根据中国水利水电第五工程局挤压破碎带石渣料碾压试验：铺土厚 40cm 和 60cm，采用 13.5t 振动碾一挡中油门行车速度碾压 4 遍、6 遍后大于 100mm 含量由 15%～25% 减少到 0～12%，小于 0.1mm 含量由 3.32%～6.20% 增加到 6.5%～9.5%，级配连续。60cm 铺土厚度，碾压 4 遍平均干密度为 2.25g/cm³，碾压 6 遍平均干密度为 2.29g/cm³，碾压 4 遍总沉降占碾压六遍总沉降的 60%；40cm 铺土厚度，碾压 4 遍平均干密度为 2.29g/cm³，碾压 6 遍平均干密度为 2.37g/cm³，碾压 4 遍总沉降占碾压 6 遍总沉降的 80%。碾压后采用单环注水测

定的渗透系数 K_{20} 为（2.76～5.68）×10^{-3}cm/s 与室内试验所得的渗透系数（0.52～1.67）×10^{-3} 基本相符，可见挤压破碎带石渣料的渗透系数仍满足心墙土石坝反滤过渡料的技术要求。

5 结论

（1）挤压破碎带石渣料级配连续，易于压实，压实后粗细颗料充填关系较好，小于5mm 含量为30％～52％，小于0.1mm 含量为3.5％～7.7％，这样既满足半透水，又具有较高的抗渗强度，完全满足土石坝反滤过渡料对渗透及抗渗的要求；具有低压缩性和较高的抗剪强度，为反滤过渡料提供了可靠的保证。

（2）挤压破碎带石渣料碾压试验可知这种材料易于压实，施工碾压参数确定为天然含水量，铺土厚60cm、碾压 4～6 遍干密度和渗透系数即可满足心墙土石坝反滤过渡料的技术要求。

（3）通过论证了这种挤压破碎带石渣料作心墙土石坝反滤过渡料的成功应用，节省了工程造价，并且为今后的坝料应用开辟了新途径。

分散性土用作土石坝防渗体的分析讨论

陆恩施

摘　要：《碾压式土石坝设计规范》（SL 274—2001）4.1.8 条规定，经处理改性的分散性黏土仅可用于填筑 3 级低坝的防渗体。针对本条规定，本文分析讨论分散性土用作土石坝防渗体的适用条件。

1　概述

现有研究成果表明，分散性土的黏土粒团能自行分散成原级颗粒的原因主要有以下三个因素：

（1）土的黏土矿物成分主要以蒙脱石为主体，中国水利水电科学研究院研究结果认为，黏土能否呈现分散状态，与存在于蒙脱石晶格间的阳离子成分有直接关系，晶格间含有二价钙离子（Ca^{2+}）的蒙脱石不易分散，含一价钠离子（Na^+）的蒙脱石遇水易强力水化，使颗粒间的黏聚力减弱甚至消失，因而粒团产生分散。

（2）孔隙水易溶盐中钠离子（Na^+）占主体。土体遇到纯净水后不需要加分散剂，吸附在颗粒表面的 Na^+ 充分水化后，就可使土中的粒团自行分散成原级黏土颗粒。它是分散性土在纯净水中能分散成原级颗粒的主要内在因素。

（3）水质纯净是必需的条件。如果水中含有 Ca^{2+}，很容易替换掉黏土颗粒表面的 Na^+，使分散性土变为非分散性土。

2　案例分析

国内分散性土发生破坏均为无保护层的均质土坝，诸如：黑龙江省南部引嫩江水工程围堤和海南三亚岭落水库。

2.1　黑龙江省南部引嫩江水工程

黑龙江省南部引嫩江水工程，主要是引嫩江水进入 8 个自然洼地，组成蓄水水库。围堤（土坝）全长 46.5km，为均质土坝。土坝于 1978 年竣工，1979 年汛后坝顶出现多处塌坑、坝坡出现渗水洞穴并在洞口沉积大量细颗粒，上、下游坝坡布满了雨水冲蚀的小沟，但没有横贯由上游面向下游的管道。中国水利水电科学研究院经现场调查和室内土工试验研究，查明土坝土料为典型的分散性土。土坝的破坏是坝顶雨水从坝顶干缩裂缝和冻缩裂缝及施工段接头处的薄弱部位入渗坝体造成的渗透破坏。

针对南部引嫩江水工程均质土坝坝体造成的渗透破坏状况，进行了试验研究。

（1）土的改性试验。在土中掺入一定量的石灰，增加土中 Ca^{2+} 的含量，变分散性土为非分散性土。室内试验土中白灰掺量达到 2% 后土的分散性就可得到改善，以 3% 的掺量效果最稳定。

（2）反滤试验。反滤试验是在土样中预先存在孔洞，渗水采用纯净的蒸馏水，试验在两种最不利条件下进行。试验采用了三种粒径的反滤料，即 $0.25\sim$ 0.5mm、0.5～1.0mm、1.0～2.0mm。在 13 个试样中，反滤料粒径 0.25～0.5mm 的四个试样，试验终了比降 J 达到 115～200，试样针孔愈合，渗水接近停止；反滤料粒径 0.5～1.0mm 的六个试样，试验终了比降 J 达到 50～210，试样针孔愈合，渗水变清；反滤料粒径 1.0～2.0mm 的三个试样，试验终了比降 J 为 0.3～3.6，10min 后孔径扩大 2.0～4.4 倍。中国水利水电科学研究院试验研究表明，分散性黏性土在有孔洞的条件下，易被纯净的渗流水所分散，渗流所带出的土颗粒很细，所以需要较细的反滤来保护。分散性土无论是轻壤土或黏土，若用 $D_{20}\leqslant0.5mm$ 的反滤来保护，坝体即或出现洞穴，渗透稳定仍然可以得到保证，而且在运行过程中洞穴和裂缝在渗流的作用下还会自行愈合。

（3）试验研究证明，土 2 为典型的分散性土，用蒸馏水进行试验，在 $J=2$ 时针孔扩大 2.5 倍；而用含有大量 Ca^{2+}、Mg^{2+} 的冷开水进行试验，$J=310$ 时孔径仍未扩大，使分散性土变为非分散性土。这项研究证明在库水阳离子含有大量 Ca^{2+}、Mg^{2+} 时，使分散性土变为非分散性土。

南部引嫩江水工程均质土坝工程处理措施如下：

坝顶处理方法是，先将坝顶孔洞顺走向刨开，再用白灰土仔细夯实到坝顶高程，然后在整个坝面铺 20cm 厚的白灰土夯实，再在白灰土面铺 10～15cm 厚的土层，作为保护白灰土的保护层。

上游坝坡处理，在库水位变化范围内铺白灰土厚 60cm，其上依次铺厚 10cm 砂砾、厚 20cm 碎石、厚 30cm 干砌块石保护层；最高蓄水位以上坝坡依次铺厚 20cm 白灰土、厚 20cm 铺土、厚 10cm 草皮护坡。

下游坝坡处理，坝坡坡面主要排水问题，采用细砂滤层方案，并在坝脚处设置滤水坝址。下游坝坡坡面上依次铺厚 30cm 细砂、厚 20cm 白灰土、厚 10cm 铺土、厚 10cm 草皮护坡，坡脚处设置滤水坝址。用反滤层保护由分散性黏性土修筑的土坝仍然是防止土坝渗流破坏的有效措施，它可以同时起到滤土排水的作用，既有利于坝的静力稳定，又可保证渗流稳定。

自 1982 年进行保护处理后，同年秋蓄水，处理后多年来，坝顶路面没有发现一个雨水冲蚀的孔洞，上、下游坝坡无冲刷也无洞穴。滤水坝址 1984 年 5—6 月先后出现 5 处细小渗流，渗水一直是清水，除此未见其他不良现象，实践证明处理措施是成功的。

2.2　海南三亚岭落水库

岭落水库总库容 520 万 m³，大坝为均质土坝，最大坝高 18.5m，坝顶长 1201m，上、下游坝坡均为 1：2.5，大坝正常蓄水位为 32.97m，校核水位为 34.59m，坝顶高程为 36.50m，坝顶宽 3.0m。坝体填筑土料取自库盆内，属海相沉积土。该坝 1991 年 10 月开工，1993 年竣工运行，1995 年一场暴雨，库水由汛限水位 32m 猛涨至校核水位以上达 34.95m 时，坝的上部很快在下游坡出现渗流，最后导致溃坝。

（1）溃坝原因分析：

1）非工程质量问题。溃坝后从溃坝口观察无干松土层，现场取样干密度、渗透系数指标达到设计标准，溃坝口冲刷深度表明填筑质量较好。

2）渗流开始破坏部位位于坝的顶部。现场人员介绍，1995 年 11 月 13 日早上 6 时以后在 3 号溃口坝顶有渗流逸出，3 号溃口稳定后的底部高程为 31.0m，渗流开始逸出高程为 33.0m，距坝顶仅 3.5m，显然渗流破坏开始于坝顶。

3）坝顶裂缝渗流破坏。坝体填土渗透系数 $K=(4.1\sim6.9)\times10^{-5}\mathrm{cm/s}$，坝顶若无横向裂缝，库水位上涨的时间只有一天多，坝顶不会立即逸出渗流，坝坡若无渗流逸出，也不会出现渗流破坏。据国内外工程经验均质土坝横向裂缝的张开深度为 3~5m，下部因侧向应力的作用而闭合。岭落水库大坝开始渗流破坏高程正好在此范围内。

4）坝顶裂缝渗流冲刷。根据坝顶渗流逸出高程分析结果，坝体裂缝冲刷时的最大平均水力比降 $J=0.12$。但坝体填土为分散性土，当时水库蓄水主要来自雨水，水质纯净，坝顶容易出现横向裂缝，坝体裂缝遇到纯净的库水后缝壁黏土团粒首先分散成黏土原颗粒，抗冲刷能力全部消失。显然坝体要发生渗透破坏。

（2）经验与教训。大坝土料属典型的分散性土，均质坝应当采用如下正确的设计方法：

1）坝顶必须采用非分散性土铺设路面，而且靠两坝肩要设排水渠道，有计划地排走坝顶雨水，防止雨水渗入坝体后由坝坡逸出，同时防止雨水任意流向坝坡，冲刷坝坡。

2）坝坡要采用专门的加固措施。一种方法是采用非分散性土或分散性土中加入 3% 的石灰，变分散性土为非分散性土。另一种方法是在坝坡铺设中粗砂层，起反滤保护作用，防止雨水及其他纯净水的破坏。

3　心墙土石坝采用分散性土的可行性分析

根据国内外针对分散性土特性的研究，以及对用分散性土填筑的均质土坝造成的渗透破坏所作工程处理措施的实践成功经验，《碾压式土石坝设计规范》（SL 274—2001）4.1.6条指出，必须采用时，应根据其特性采取相应的措施。《碾压式土石坝设计规范》（DL/T 5395—2007）条文说明中指出：尽管分散性黏土遇到含盐量低的水会出现冲蚀和淋蚀破坏，给水利工程带来危害，而且事实上已有不少水利工程受到破坏和损坏，但分散性黏土用来筑坝还是可行的。以往的破坏都是在不了解分散性黏土的性质和没有采取防治措施的情况下发生的，如果对分散性黏土采取一定的措施，是能够有效防止对坝体的破坏作用的。谢拉德（J. L. Sherard）在1976年的分散性黏土有关管涌及冲蚀专题讨论会上说："由于对分散性黏土有了了解，所以认为现行实践没有必要做出任何重大改变，如果有适当的反滤，用分散性黏土作重要水坝的不透水心墙是可以的。"因而分散性土用于心墙土石坝的条件成为可行。

（1）当库水中含有大量 Ca^{2+}，则渗水容易替换掉黏土颗粒表面的 Na^+，使分散性土变为非分散性土。

（2）采用比一般黏土用反滤层更细的反滤料，心墙上、下游采用 $D_{20} \leqslant$ 0.5mm 的反滤料保护分散性土防渗心墙。

（3）心墙上、下游的反滤料、过渡料、坝壳料形成对心墙防渗体的强力保护，保证了心墙的渗透稳定，从而保证了大坝安全。

4 四川省用分散性土用于心墙坝工程实例

关门石水库，水库位于四川省邻水县芭蕉河支流小西河上，是一座以防洪灌溉、供水为主、兼有其他综合利用的水利工程。水库总库容为 2318.6 万 m^3，坝高 40m，坝型为泥岩心墙石渣坝。泥岩防渗料细颗粒双比重计分析，分散度 $D=$ 63.8%～92.1%，为分散性土。2012年竣工验收后，至今运行正常。

沙坝田水库筑坝土料特性的试验研究
——四川红土研究一例 *

陆恩施

四川米易县新河乡安宁河二级支流上的沙坝田水库，大坝设计为均质土坝，坝高53m左右，总库容1300万 m^3，是一座以灌溉为主的引蓄水中型水利工程。筑坝土料系用坝址附近的 I、II 料场。该两料场为昔格达岩组上伏坡残积红色黏土，出露高程较高，利于开采上坝。土料天然密度较低，平均为 $1.38 \sim 1.48 g/cm^3$，天然含水量平均为 $21.2\% \sim 28.1\%$。土料给人的直观感觉是粒度较粗的亚黏土，经对土料的矿物化学和物理力学性质试验研究证明，该工程土料不同于盆地一般黏性土特性，可认为该区土料属红土中的红黏土。

1 土的生成条件及矿化特性

目前对红土的生成条件及矿化特性已有比较统一的认识，本区地处北纬27°以南附近，海拔高程为 $1100 \sim 1300m$，亚热带性气候，年平均气温19.7℃，年平均降水量1000mm。料场位于小山顶坡，排水条件较好，由于雨量充沛，在酸性环境中（表1），强烈的溶滤作用，岩石风化过程中大量的可溶盐及 SiO_2 被溶失，致使富含铁和铝的氧化物，氧化铁的存在，使土的颜色变成红色。

表1列出土样的化学成分分析结果。

表1　　　　　　　　　土样化学成分分析成果

试样编号	>2μm 粒级（已去游离铁）化学分析含量/%							全料/%	pH 值
	SiO_2	Fe_2O_3	Al_2O_3	(TiO_2) CaO	MgO	灼减	$Kr = SiO_2/R_2O_3$	Fe_2O_3	
1	43.58	6.04	32.78	1.48	0.21	11.57	1.92	7.01	5.5
4	43.90	9.42	30.18	1.19	0.11	11.03	1.90	6.62	5.1
5	45.12	3.49	34.13	1.18	0.13	11.58	2.05	7.01	5.2
9	44.02	8.02	30.81	1.27	0.09	11.28	1.94	6.41	5.4

成果可见，Kr 为 $1.90 \sim 2.05$，与云、贵等典型南方红土 Kr 相近，证明矿物

---

* 本文发表于《水利水电技术报导》1989年第1期。

成分以高岭石类、伊利石类为主。土内除大量硅及铅氧化物外，钙、镁含量较低，经估算，游离氧化铁占土料全铁量的 $65\%\sim80\%$，这是造成土料高强度、中低压缩性和使黏土颗粒胶结成团粒和感觉其为亚黏土的主要原因。

2　土的团粒结构

经对 3 号、4 号、5 号、8 号四个土样以煮沸加分散剂（六偏磷酸钠）及煮沸不加分散剂颗粒分析的比较试验，成果列表 2。

表 2　　　　　　　　　　　颗 粒 分 析 比 较 成 果

土样编号	试样处理方法	颗粒组成/%				活动度 A_c
		>0.05mm	0.05~0.005mm	<0.005mm	<0.002mm	
3	煮沸、不加六偏磷酸钠	12.3	87.7	0	0	
	煮沸、加六偏磷酸钠	11.3	27.9	60.8	50.5	0.52
4	煮沸、不加六偏磷酸钠	27.0	73.0	0	0	
	煮沸、加六偏磷酸钠	22.5	38.2	9.3	27	0.75
5	煮沸、不加六偏磷酸钠	16.9	83.1	0	0	
	煮沸、加六偏磷酸钠	24.4	80.8	14.8	36.2	0.43
8	煮沸、不加六偏磷酸钠	10.7	89.3	0	0	
	煮沸、加六偏磷酸钠	18.7	32.3	49	39.5	0.47

由表 2 可见，土料中的黏粒胶结成大小不等的颗粒，只依靠机械作用（煮沸）而不加化学分散剂处理，绝大部分仍保持着团粒状态，黏粒含量为 0，这是土料的自然集合状态，加分散剂后，团粒分散，呈现出比较高的黏、胶粒含量，这是土料颗粒组成的实质。其团粒度指标为 ∞，而胶体活动度 A_c 为 0.43～0.75，属不活动黏土，体现红土特性。

3　土的物理力学特性

土样的物理性指标试验成果列于表 3，力学及膨胀性指标试验成果列于表 4，在力学试验中，考虑到红土压实受含水量调试方法的影响，在试样制备中，密度以击实最大干密度乘以折减系数后指标控制。

成果表明，本工程土料与一般黏性土特性不同。黏粒含量高，天然密度低，含水量较高，天然孔隙比高（一般均超过 0.8，高者大于 1.2），其压实性较差，填筑密度较低，而仍具有较高的强度，压缩性中等和较小的渗透性，这些特征基本符合我国对红土特性的研究成果。

值得指出的是，本区土料还具有胀缩特性，其胀缩指标已达膨胀土标准。因此应予以足够的重视。

表3　　　　　　　　　　　　　　　　土的物理性指标试验成果

料场编号	土样编号	天然状态物理指标				比重 G_S	液限 W_{10}/%	塑限 W_P/%	塑性指数 I_P	颗粒组成/%				胶体活动度 A_c
		含水量 ω/%	密度 ρ/(g/cm³)	干密度 ρ/(g/cm³)	孔隙比 E_0					>0.050 mm	0.050~0.005 mm	<0.005 mm	<0.002 mm	
II	1	18.4	1.79	1.51	0.815	2.74	45.0	26.0	19.0	20.5	28.5	51.0	41.0	0.46
II	3	25.1	1.86	1.49	0.852	2.76	58.9	32.7	26.2	11.3	27.9	60.8	50.5	0.52
II	4	25.1	1.74	1.39	0.971	2.74	48.0	27.7	20.3	22.5	38.2	39.3	27.0	0.75
II	5	27.1	1.53	1.20	1.275	2.73	47.6	32.0	15.6	24.4	30.8	44.8	36.2	0.43
II	6	43.0	1.75	1.22	1.279	2.78	65.6	37.6	28.0	5.8	31.6	62.6	44.5	0.63
II	11	37.6	1.70	1.24	1.234	2.77	56.7	36.6	20.1	22.1	31.0	46.9	35.5	0.57
II	12	24.1	1.74	1.40	0.957	2.74	48.2	28.9	19.3	26.2	37.2	36.6	28.5	0.68
II	13	30.2	1.89	1.45	0.917	2.78	59.4	31.8	27.6	8.8	30.9	60.3	46.5	0.59
II	14	25.4	1.79	1.43	0.909	2.73	45.0	26.5	18.5	26.5	35.4	38.1	28.6	0.65
II	15	29.2	1.84	1.42	0.944	2.76	52.0	31.4		5.4	50.1	44.5	27.5	0.68
II	16	23.7	1.87	1.51	0.815	2.74	50.2	28.0	22.7	9.0	35.2	55.8	40.5	0.56
III	7	18.0	1.67	1.42	0.923	2.73	37.2	24.2	13.0	30.5	36.9	32.6	25.0	0.52
III	8	27.5	1.78	1.40	0.964	2.75	52.4	34.0	18.4	18.7	32.3	49.0	39.5	0.47
III	9	21.0	1.74	1.44	0.889	2.72	46.3	29.1	17.2	27.8	34.9	37.3	28.2	0.61
III	10	18.3	1.96	1.66	0.639	2.72	31.5	18.0	13.5	37.5	27.7	34.8	27.0	0.49

表4　　　　　　　　　　　　　　　土料的力学、胀缩性指标试验成果

料场编号	土样编号	击实				压缩系数 $\alpha_{1\sim3}$/MPa⁻¹	渗透系数/(cm/s)	抗剪强度				自由膨胀率 F_S/%	体缩率 e_S/%
		层数	击数	最优含水量 ω_{op}/%	最大干密度 ρ_{dmax}/(g/cm³)			饱和固结快剪		饱和固结慢剪			
								C/kPa	φ	C/kPa	φ		
I	1	3	15	23.5	1.60	0.08	2.48×10^{-6}	24	21°11′	12	28°55′	51.3	11.9
	3	3	15	31.0	1.43	0.23	3.58×10^{-6}	55	14°18′	40	19°48′	61.4	17.0
	4	3	15	26.6	1.52	0.18	5.35×10^{-6}	37	20°11′	22	26°6′	35.0	4.2
	5	3	15	31.0	1.44	0.29	5.35×10^{-6}	27	16°42′	30	24°49′	52.5	15.7
	6	3	15	32.2	1.39	0.20	2.25×10^{-6}	40	18°47′	34	22°54′	40.5	12.7
	11	3	15	31.7	1.41	0.33	1.99×10^{-6}	25	18°47′	30	22°32′	62.5	15.9
	12	3	15	24.7	1.53	0.13	1.43×10^{-5}	31	23°52′	25	26°20′	39.0	6.8
	13	3	15	28.6	1.49	0.25	3.66×10^{-7}	19	21°26′	13	23°52′	39.0	6.0

续表

料场编号	土样编号	击实		最优含水量 $\omega_{op}/\%$	最大干密度 $\rho_{dmax}/(g/cm^3)$	压缩系数 $\alpha_{1\sim3}/MPa^{-1}$	渗透系数 /(cm/s)	抗剪强度				自由膨胀率 $F_S/\%$	体缩率 $e_S/\%$
		层数	击数					饱和固结快剪		饱和固结慢剪			
								C/kPa	φ	C/kPa	φ		
I	14	3	15	23.0	1.59	0.11	1.73×10^{-6}	25	25°45′	20	29°5′	37.5	6.0
	15	3	15	28.0	1.46	0.46	6.68×10^{-6}	12	18°54′	15	24°28′	31.5	11.3
	16	3	15	25.3	1.57	0.17	2.22×10^{-6}	24	22°18′	20	26°20′	38.8	9.8
	7	3	15	24.1	1.55	0.11	1.17×10^{-5}	16	25°24′	18	28°55′	29.4	7.9
II	3	3	15	25.3	1.54	0.15	4.96×10^{-6}	27	23°23′	21	26°54′	55.0	10.0
	9	3	15	28.0	1.50	0.20	8.70×10^{-6}	36	16°50′	38	19°17′	34.0	8.9
	10	3	15	16.7	1.78	0.09	4.07×10^{-6}	19	24°28′	16	28°15′	37.4	5.3

4 土的塑性

Ⅱ、Ⅲ料场按颗粒组成分类属黏土和重黏土的 15 个土样中,除两个土样的液限(W_{10})较低外,其余 13 个土样液限均大于 45%,按一般黏土的特性,都应属高塑性黏土,但其塑性指数相对较低(I_P 为 15.6%~28.0%),在塑性图上分布于 A 线附近和 A 线以下(图 1),属红土黏土区域,亦可说明部分土具膨胀性。

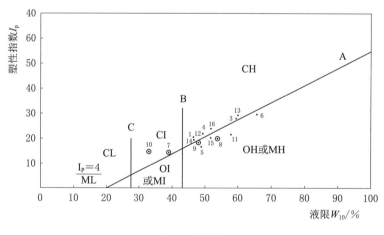

图 1 塑性图

5 结语

(1)米易地域内昔格达岩组上伏坡、残坡积黏土所处地理环境,有条件经历红土化作用,通过对土料的物理、力学及矿化特性的试验研究和分析,论证了这种残坡积黏土属红黏土具有稳固的团粒结构，虽然压实密度较低、含水量较高，但其力学性质良好，渗透系数满足防渗土料要求，是很好的筑坝材料。

（2）本区土料虽具红土特征，但又有一定胀缩性，因此对其胀缩机理应进一步研究，探讨这类红黏土筑坝的适用条件。

筑坝工程利用洪积扇碎石土的研究 *

陆恩施　刘　勇　孙　陶

摘　要：本文对大桥和瓦都的洪积扇碎石土进行了勘察和试验研究，并对工程特性和应用进行对比和分析。

关键词：洪积扇；碎石；试验研究；利用

四川西部凉山州地区广泛出现洪积堆积物，近年来随着西部地区经济开发，水利水电工程建设的需要，作为高烈度地震区兴建的水利水电工程，土石坝有着更强的优势和前景，带动筑坝材料的研究与应用得以迅速发展。凉山州安宁河流域水利资源开发的龙头水利工程大桥水库的兴建，开创了采用洪积扇碎石土作高混凝土堆石坝垫层用料的先例。充分研究和利用当地各种建筑材料工程特性，用于土石坝分区填筑，是保证工程安全、降低工程造价的关键，洪积扇碎石土工程特性的研究为土石坝建设提供了科学依据，推动了土石坝设计水平的进步。现就冕宁大桥水库、布拖瓦都水库两工程的洪积扇碎石土工程特性进行研究，作一分析论述。

1　产地概况

1.1　大桥水库

大桥水库Ⅲ号碎石土产地位于水库区内，距坝址 1.5km，邻近解（放桥）至拖（乌）公路，交通方便。产地位于洪积扇前缘，地面高程为 2006～2065m，地形坡度为 10°～15°。有用层为洪积堆积物，平均厚度为 3.96m，呈褐灰色—浅褐黄色，粗料为强风化的花岗石、闪长岩、辉绿岩碎、块石，最大粒径大于 200mm，细料（小于 5mm）主要由砂粒和粉粒组成。

1.2　瓦都水库

瓦都水库洪积扇碎Ⅰ、碎Ⅱ料场位于尼姑河坝址左岸下游 1.5～4.0km，拖觉至乌依简易公路通过该产地，交通方便。产地地面高程碎Ⅰ为 2332.4～2335.5m，碎Ⅱ为 2289～2310m，地形坡度平缓。有用层厚为 2.0～3.8m。洪积堆积物呈黑灰色—暗紫灰色，粗料为强风化杏仁状玄武岩碎、块石，最大粒径为 200mm，细粒（小于 5mm）含量变幅较大，细料性质亦有黏土及壤土之别。

---

*　本文发表于《地下空间》1999 年第 5 期。

2 洪积扇碎石土的基本性质

2.1 碎石土的颗粒组成

大桥水库Ⅲ号碎石料场及瓦都水库碎Ⅰ、碎Ⅱ料场勘察成果列于表1。由表1可知，大桥碎石最大粒径大于200mm，而级配组成变幅较小，粒径小于100mm碎石土级配变化，其特征粒径小于5mm含量为21.5%～40.7%，相差约1倍，而小于0.1mm粒径的含量小于10%。瓦都碎石土最大粒径为200mm而级配组成变幅很大，其特征粒径小于5mm含量为16.9%～47.2%，相差2.8倍，小于0.1mm含量为6.1%～36.6%，相差6倍。由此看出瓦都碎石土料级配组成的不均一性特征。

2.2 碎石土细粒料特征

洪积扇碎石土细料特性试验成果见表2。由表2可见：

（1）大桥碎石土细料（<2mm部分），以砂粒为主，黏粒（<0.005mm）为16%左右，属中壤土。瓦都碎石土细料砂粒为29.7%～61.5%，黏粒为37.9%～20.3%，土壤分类为黏土及壤土，说明瓦都碎石土细料具有两种性质。证明其性质的不均一性，同时瓦都碎石土细料经双比重计法分析，其分散性系数大于0.8，表明其具分散性特征。

（2）依据界限含水量指标可知，大桥碎石土细料液限小于30%，塑性指数为8.2～11.1，按塑性指数分类为壤土，说明其细料性质稳定。而瓦都碎石土细料液限为36.0%～54.5%，塑性指数为13.3%～20.8%，按塑性指数分类为黏土及壤土两类，指标均大于大桥碎石土细料，进一步说明瓦都碎石土料的不稳定性质特征。

（3）两工程碎石土细料自由膨胀率均小于40%（膨胀土标准），但瓦都碎石料自由膨胀率为20.0%～30.5%，比大桥碎石土细料自由膨胀率大。

（4）大桥碎石土比重值变幅较小，土质稳定。瓦都碎石土比重值变化为2.84～2.94，土质均一性较差。依据上述对比分析，两工程洪积扇碎石土由于颗粒组成及细料特性的差异以及瓦都水库碎石土细料性质的不均一性，将对碎石土料的工程特性产生不同影响。

3 洪积扇碎石土压实干密度的研究

3.1 大桥Ⅲ号碎石土

碎石土小于5mm含量与最大干密度的关系，采用倾注松填法测定最小干密度，表面振动器振动压实法测定最大干密度。碎石土试验最大干密度、最小干密度成果列于表3。由表3可以看出：

表1　洪积扇碎石土颗粒级配成果

工程名称	值统计	试样编号	>200mm	200~100mm	100~80mm	80~60mm	60~40mm	40~20mm	20~10mm	10~5mm	5~2mm	2~1mm	1.0~0.5mm	0.50~0.25mm	0.25~0.10mm	<0.1mm	<0.005mm	<5mm含量/%	分类
大桥水库	全料级配	上包线	4.0	4.9	2.1	5.0	8.5	16.5	16.5	8.5	8.5	5.5	5.0	3.5	2.8	8.7	3.8	34.0	微含中壤土砾
		平均	11.7	11.3	4.8	4.7	8.5	15.3	12.5	6.7	7.4	4.2	3.1	2.6	1.8	5.4	2.1	24.5	
		下包线	18.9	20.9	3.2	5.0	7.0	14.5	10.0	4.8	5.2	2.7	1.8	1.5	1.1	3.4	1.2	15.7	
	<100mm级配	上包线			1.5	3.5	10.0	20.5	16.0	7.8	9.7	7.0	7.0	4.0	3.4	9.6	3.8	40.7	微含中壤土砾
		平均			6.4	6.2	11.2	19.9	16.3	8.7	9.5	5.3	3.9	3.4	2.2	7.0	2.6	31.3	
		下包线			14.5	8.0	16.0	17.0	15.0	8.0	5.5	4.0	3.5	2.5	1.4	4.6	1.2	21.5	
瓦都水库		碎Ⅰ-TK1		14.5	1.0	12.7	17.2	17.9	9.2	6.7	5.3	1.1	1.4	0.8	0.6	11.6	4.8	20.8	微含黏质土砾
		碎Ⅰ-TK2		4.0	6.4	7.8	14.9	23.9	16.6	9.5	6.9	1.0	1.4	0.8	0.8	6.0	2.5	16.9	微含黏质土砾
		碎Ⅰ-TK3		11.5	6.5	11.6	15.7	14.9	8.9	8.0	3.8	0.6	0.8	0.6	0.5	15.7	6.9	22.0	含黏质土砾
		碎Ⅰ-TK57		7.3	1.4	8.6	12.8	15.3	9.7	6.6	10.0	1.6	2.3	1.5	1.6	21.3	9.3	38.3	含黏土砾
		碎Ⅱ-TK4		1.5	9.4	11.1	18.1	21.8	12.1	8.4	4.3	1.3	2.1	0.9	0.9	7.7	3.2	17.6	微含重壤土砾
		碎Ⅱ-TK58		2.3	2.9	6.6	9.7	13.8	10.1	7.4	3.1	2.0	2.0	1.6	1.9	36.6	16.0	47.2	含黏土砾
		碎Ⅱ-TK59		5.6	6.3	11.6	17.6	21.8	12.8	6.7	2.8	1.9	3.1	2.3	1.4	6.1	3.0	17.6	微含重壤土砾
		平均		6.7	4.9	10.0	15.1	18.5	11.3	7.6	5.2	1.4	1.9	1.3	1.1	15.0	6.5	25.9	含黏质土砾
凉山州院		平均	9.0	9.0	10.6	31.1	18.6	6.4	4.5	2.5	2.6	9.0	5.7	30.7					

| | | | | | | | | | | | | 颗粒组成/% | | | | | | | |

表 2 洪积扇碎石土细料特性试验成果

工程名称	统计值	试样编号	比重	界限含水量/%			按塑性指数分类	自由膨胀率/%	颗粒组成（<2mm）/%			按颗粒组成分类
				ω_L	ω_P	I_P			>0.050	0.050~0.005	<0.005	
大桥水库	范围值			24.8~28.8	15.7~17.7	8.2~11.1	壤土	15~22	59~61.5	22~25	15~16.5	中壤土
	平均值		2.81	26.6	16.4	10.2	壤土	20.2				
瓦都水库		碎Ⅰ-TK1	2.92	45.0	28.3	16.7	壤土	20	35.5	33.5	31.0	砂质黏土
		碎Ⅰ-TK2	2.87	42.7	24.6	18.1	黏土	24	48	27	25	重壤土
		碎Ⅰ-TK3	2.91	53.6	31.2	22.4	黏土	30	29.7	32.4	37.9	黏土
		碎Ⅰ-TK57	2.84	51.6	31.0	20.6	黏土	30.5	42.4	24.7	32.9	砂质黏土
		碎Ⅱ-TK4	2.94	37.5	23.8	13.7	壤土	36	49.1	24.2	26.7	重壤土
		碎Ⅱ-TK58	2.91	54.5	33.7	20.8	黏土	28.5	30.8	32.9	36.3	黏土
		碎Ⅱ-TK59	2.88	36.0	22.7	13.3	壤土	21.5	61.5	18.2	20.3	重壤土
	平均		2.90	45.8	27.9	17.9	黏土	24.4	42.4	27.6	30	砂质黏土

表 3 大桥碎石土最大、最小干密度成果

试样编号	<5mm 含量/%	最大干密度/(g/cm³)	最小干密度/(g/cm³)	$\dfrac{\rho_{dmin}}{\rho_{dmax}}$	振后<5mm含量/%	<5mm 增量/%
TK2	31.7	2.33	1.8	0.77	37.2	5.5
TK4	37.2	2.32	1.80	0.78	40.2	3.0
TC3-1	21.5	2.32	1.71	0.74	29.0	7.5
TK15	41.0	2.29	1.78	0.78	43.3	2.3
TK20	36.6	2.24	1.70	0.76		
	43.7	2.24	1.74	0.78		
	48.5	2.11	1.66	0.79		

（1）大桥碎石土最大干密度随级配变化而改变，当碎石小于 5mm 含量在 20%～40% 时，振动压实最大干密度可达 2.29～2.33g/cm³，而小于 5mm 含量继续增加则干密度降低。大桥碎石土级配较稳定，因而振动压实可获得比较稳定的最大干密度，压实效果较好。

（2）振动压实对碎石土有一定的破碎作用，振动压实后小于 5mm 含量有所增加，振后小于 5mm 含量增量随振动压前小于 5mm 含量的增大而减小，进一步说明振动压实改变级配达到较好的粗细颗粒充填关系，当小于 5mm 含量超过 40% 以后，压实最大干密度降低，压实效果降低。

3.2 瓦都Ⅰ号、Ⅱ号碎石土

（1）振动压实特征。最大、最小干密度试验成果列于表4。

表4　　　　　　　　　　瓦都碎石土最大、最小干密度试验成果

试样编号	细料（<2mm）性状		<5mm 含量/%	最大干密度/(g/cm³)	最小干密度/(g/cm³)	$\frac{\rho_{dmin}}{\rho_{dmax}}$
	塑性指数	黏粒含量/%				
碎Ⅰ-TK1	16.7	31.0	20.8	2.23	1.67	0.75
碎Ⅰ-TK3	22.4	37.9	22.0	2.12	1.59	0.75
碎Ⅰ-TK2	18.1	25.0	16.9	2.15	1.62	0.75
配TK2	18.1	25.0	30.7	2.14	1.65	0.77
碎Ⅰ-TK57	20.6	32.9	38.3	1.88	1.38	0.73
配TK57	20.6	32.9	30.7	1.93	1.46	0.76
碎Ⅱ-TK4	13.7	26.7	17.6	2.29	1.74	0.76
碎Ⅱ-TK58	20.8	36.3	47.2	1.80	1.31	0.73
碎Ⅱ-TK59	13.3	20.3	17.6	2.28	1.72	0.75

瓦都碎石土试验成果反映出以下特征：

1）振动压实干密度有随碎石土小于5mm含量的增加而下降的趋势，特别是小于5mm含量大于22%以后，干密度下降较为明显。

2）由于碎石土中细粒料性质的差异，亦使压实效果产生差异，细料属黏土最大干密度低于细料属壤土碎石土，反映出瓦都洪积扇碎石土性质的不稳定性对其压实效果的影响。

3）通过对试样TK2、TK57改变级配的试验表明，细料TK57属黏土，小于5mm含量增加到30.70%，干密度仅降低0.3g/cm³，此类性质细料若控制小于5mm含量在20%～30%时，干密度振动压实将较高而且稳定。

4）碎Ⅰ-TK1、TK2、TK3成果证实，虽细料性质有所差异，但其小于5mm含量小于22%，其压实干密度仍比较相近。而碎Ⅱ-TK4、TK59，细料趋向砂性（塑性指数低，黏粒含量小），且小于5mm含量一致，则有较高的压实干密度。

（2）击实特征。采用单位体积功能604kJ/m³的大型击实仪，对碎Ⅰ-TK3及碎Ⅱ-TK58进行击实试验，同时进行振动压实比较，成果列于表5。

表5　　　　　　　　　　振动及击实最大干密度比较

试样编号	细料（<2mm）性状		<5mm 含量/%	振动最大干密度/(g/cm³)	击实	
	塑性指数	黏粒含量/%			最大干密度/(g/cm³)	最优含水量/%
碎Ⅰ-TK3	22.4	37.9	22.0	2.12	1.90	15.9
碎Ⅱ-TK58	20.8	36.3	47.2	1.80	1.80	17.6

试验成果表明：①瓦都碎石土最优含水量随小于 5mm 含量增大而增大，最大干密度随最优含水量增大而降低；②当碎石土小于 5mm 含量比较高（47.2%）时，振动最大干密度与击实干密度相一致，而小于 5mm 含量较低（22.0%）时，振动最大干密度远高击实最大干密度。

通过对瓦都洪积扇碎石土进行不同压实方法的试验研究，进一步论证了瓦都碎石土因细料性质的不均一性变化对压实最大干密度的影响，这种变化和影响对于设计和施工控制参数的正确选取带来较大的困难。

4 洪积扇碎石土的工程力学特征

4.1 渗透特性

大桥Ⅲ号碎石土中，大桥碎石土渗透试验成果列于表 6。试验成果表明：

（1）碎石土在相同干密度下，渗透系数随着小于 5mm 含量的增加而减少。

（2）级配一致时，渗透系数随着干密度的增加而减小，抗渗强度随着干密度增加而增加。

（3）大桥碎石土干密度控制在 2.24g/cm³（设计干密度）以上时，渗透系数在 $A×10^{-3}$～$A×10^{-4}$cm/s 量级，满足面板坝导则对垫层料的技术要求。

表 6　　　　　　　　　　　　　大桥碎石土渗透试验成果

试样编号	<5mm 含量/%	<0.1mm 含量/%	干密度 /(g/cm³)	相对密度 /%	孔隙率/%	临界坡降	渗透系数 /(cm/s)
TK2	31.7	6.9	2.20	80.0	21.7	3.14	$1.60×10^{-3}$
			2.26	89.0	19.6	17.0	$1.56×10^{-4}$
			2.30	95.6	18.1	17.9	$1.36×10^{-4}$
TK4	37.2	9.2	2.25	89.0	19.6	14.8	$5.08×10^{-4}$
TC3-1	21.5	4.6	2.25	88.0	19.6		$5.74×10^{-3}$
			2.29	96.0	18.5	6.85	$3.08×10^{-4}$
TK15	41.0	7.3	2.22	89.0	21.0	14.8	$4.45×10^{-4}$
			2.26	97.0	19.6		$2.52×10^{-4}$
			2.28	98.0	18.9		$1.02×10^{-4}$

瓦都Ⅰ号、Ⅱ号碎石土中，瓦都碎石土渗透试验成果列于表 7。试验成果表明，瓦都碎石土由于其级配变幅大，细料性质的差异，以至于碎石土渗透系数为 $A×10^{-1}$～$A×10^{-5}$cm/s 大变幅量级范围，其透水性有强透水—半透水—弱透水的显著差异，抗渗强度差别较大，同样给碎石土的利用带来影响。

表 7 　　　　　　　　　　　瓦都碎石土渗透试验成果

试样编号	<5mm 含量/%	<0.1mm 含量/%	干密度 /(g/cm³)	相对密度 /%	孔隙率/%	临界坡降	渗透系数/(cm/s)
碎Ⅰ-TK1	20.8	11.6	2.16	90.3	26.0	0.90	4.01×10^{-2}
TK2	16.9	6.0	2.09	91.2	27.2		1.82×10^{-1}
配 TK2	30.7	10.9	2.08	90.0	27.5	2.10	6.98×10^{-4}
TK3	22.0	15.7	2.12	100	27.2	0.82	9.28×10^{-2}
TK57	38.3	21.3	1.82	90.9	35.9	8.58	1.07×10^{-4}
配 TK57	30.7	17.1	1.87	90.0	34.2	3.09	3.62×10^{-4}
碎Ⅱ-TK4	17.6	7.7	2.22	90.0	24.5		3.75×10^{-1}
TK58	47.2	36.6	1.75	92.4	39.9	9.53	6.08×10^{-5}
TK59	17.6	6.1	2.21	90.3	23.3		1.23×10^{-1}

4.2　压缩性

　　大桥Ⅲ号碎石土中，大桥碎石土压缩试验成果列于表8。试验成果表明，大桥碎石土在研究级配范围内，压缩参数受干密度大小的变化而变化，但均属低压缩性，指标变幅不大。当干密度在 2.25g/cm³ 时，综合压缩模量达 138MPa，模量值很高，满足面板堆石坝垫层用料要求。

表 8 　　　　　　　　　　　大桥碎石土压缩试验成果

试样 编号	试 样 状 态			压缩参数	压力范围/MPa				
	干密度 /(g/cm³)	<5mm 含量/%	饱和状态		0.1~0.2	0.2~0.4	0.4~0.8	0.8~1.2	0.1~1.2
TK15	2.22	41.0	饱和	a_V/MPa⁻¹	0.020	0.015	0.0125	0.010	0.013
				E_S/MPa	63.3	84.4	101.3	126.6	97.4
TK4	2.25	37.2	饱和	a_V/MPa⁻¹	0.010	0.010	0.0075	0.010	0.009
				E_S/MPa	124.4	124.4	165.9	124.4	138.2
TK2	2.26	31.7	饱和	a_V/MPa⁻¹	0.010	0.005	0.0025	0.0025	0.0036
				E_S/MPa	124.3	248.6	497.2	497.2	345.3
TC3-1	2.25	21.5	饱和	a_V/MPa⁻¹	0.010	0.010	0.010	0.0075	0.009
				E_S/MPa	124.9	124.9	124.9	166.5	138.8

　　瓦都碎石土，瓦都碎石土压缩试验成果列于表9。

　　瓦都碎石土经试验研究，压缩特性表现出如下特点：

　　（1）由于碎石土细料性质的差异及级配范围的显著变化，碎石土压缩性产生较大变化。在饱和的条件下，细料性质为重壤土者，压缩性为中—低压缩性；细料性质为黏土者，压缩性为中—高压缩性。

表9   瓦都碎石压缩实验成果

试样编号	试样状态			压缩参数	压力范围				
	干密度/(g/cm³)	<5mm含量/%	饱和状态		0.1～0.2MPa	0.2～0.4MPa	0.4～0.8MPa	0.8～1.6MPa	0.1～1.6MPa
碎Ⅰ-TK1	2.16	20.8	饱和	a_V/MPa^{-1}	0.046	0.057	0.052	0.025	0.0373
				E_s/MPa	29.33	23.92	26.05	53.44	36.2
TK2	2.09	16.9	饱和	a_V/MPa^{-1}	0.065	0.033	0.024	0.020	0.0253
				E_s/MPa	21.13	41.61	57.82	69.97	54.20
配TK2	2.08	30.7	非饱和	a_V/MPa^{-1}	0.043	0.043	0.025	0.020	0.026
				E_s/MPa	32.1	32.1	56.3	68.0	53.1
			饱和	a_V/MPa^{-1}	0.139	0.081	0.061	0.031	0.053
				E_s/MPa	9.9	17.0	22.5	45.1	26.0
TK3	2.12	22.0	饱和	a_V/MPa^{-1}	0.154	0.111	0.082	0.042	0.07
				E_s/MPa	8.92	12.38	16.78	32.35	19.6
TK57	1.82	38.3	非饱和	a_V/MPa^{-1}	0.070	0.047	0.026	0.023	0.030
				E_s/MPa	22.29	33.20	59.44	69.97	52.0
			饱和	a_V/MPa^{-1}	0.267	0.183	0.101	0.052	0.0973
				E_s/MPa	5.84	8.53	15.41	30.08	16.03
配TK57	1.87	30.7	非饱和	a_V/MPa^{-1}	0.032	0.028	0.022	0.019	0.022
				E_s/MPa	47.5	54.2	69.0	79.9	69.0
			饱和	a_V/MPa^{-1}	0.148	0.133	0.082	0.045	0.073
				E_s/MPa	10.3	11.4	18.5	33.7	20.7
碎Ⅱ-TK59	2.21	17.6	饱和	a_V/MPa^{-1}	0.026	0.023	0.020	0.019	0.020
				E_s/MPa	50.12	56.66	64.36	67.70	65.15
TK58	1.75	47.2	非饱和	a_V/MPa^{-1}	0.071	0.057	0.050	0.037	0.045
				E_s/MPa	23.48	29.24	33.67	45.54	36.77
			饱和	a_V/MPa^{-1}	0.539	0.224	0.119	0.058	0.129
				E_s/MPa	3.09	7.44	14.01	28.99	12.95
TK4	2.22	17.6	饱和	a_V/MPa^{-1}	0.030	0.037	0.0375	0.029	0.333
				E_s/MPa	43.67	35.32	35.31	46.34	39.72

（2）细料性质最具典型黏土的碎Ⅰ-TK57及碎Ⅱ-TK58，经非饱和及饱和两种状态下的试验比较表明，在非饱和条件下，均属中等压缩性，其综合压缩模量为36～52MPa，相当于细料性质属壤土在饱和条件下的模量级；而在饱和条件下，几组压缩性属中—高压缩性，其缩模量值为13～26.0MPa，仅为非饱和条件下模量值的30%～50%。这一特性表明，瓦都洪积扇部分细料属黏土或细料含量

高的碎石土压缩性与水的关系敏感，在水的浸泡下，受外力作用变形量增加较大，在坝体浸水条件下运行，过量变形于坝体安全不利，因而利用其填筑坝体干燥区是适宜的。

4.3 抗剪强度

大桥碎石土及瓦都碎石土三轴试验成果分别列入表10和表11。两工程洪积扇碎石土大型三轴抗剪强度试验成果表明：

（1）大桥碎石土在研究级配范围内，抗强度较高，线性强度大于40°，非线性强度莱普斯表达式 φ_0 中大于44°，随围压应力增加强度减角 $\Delta\varphi$ 较小表明大桥碎石土强度的稳定性，满足面板坝对垫层料强度的要求。

（2）瓦都碎石土由于其级配及细料质的差异，抗剪强度特性表现为：①碎石土抗剪强度受细料性质的影响，细料属黏土的碎石强度较低，细料属壤土的强度较高。非线性强度参数亦受细料性质的影响，强度参数 φ_0 及 $\Delta\varphi$ 变幅较大，证明瓦都碎石土强度的不稳定性。②瓦都碎石土在非饱和条件下具有较高的抗剪强度，此时碎石土中细料性质的影响不明显，强度相对稳定。细料性质属黏土的碎石土在饱和状态下强度下降显著。

表10 大桥碎石土抗剪强度实验成果

试样编号	试样状态		饱和固结排水剪		非线性强度参数（莱普斯）	
	干密度 /(g/cm³)	<5mm 含量/%	凝聚力 C/MPa	内摩擦角 φ/(°)	φ_0/(°)	$\Delta\varphi$/(°)
TK15	2.22	41.0	0.011	44.09	46.68	2.53
TK2	2.26	31.7	0.026	40.10	44.54	3.50
TC3-1	2.25	21.5	0.043	43.09	49.19	4.64

表11 瓦都碎石土抗剪强度实验成果

试样编号	试样状态		饱和固结排水		饱和固结不排水		不饱和不固结不排水		非线性强度参数（莱普斯式）	
	干密度 /(g/cm³)	<5mm 含量/%	C /MPa	φ/(°)	C/MPa	φ/(°)	C/MPa	φ/(°)	φ_0/(°)	$\Delta\varphi$/(°)
碎Ⅰ-TK2	2.09	16.9	0.031	44.06	0.002	43.20	0.059	44.14	47.59	2.50
配 TK2	2.08	30.7	0.045	44.61	0.007	40.03			48.42	2.40
TK57	1.82	38.3	0.041	31.61	0.043	31.15	0.309	41.13	37.22	3.76
配 TK57	1.87	30.7	0.064	36.26	0.023	33.68			45.25	6.47
碎Ⅱ-TK58	1.75	47.2	0.070	25.78	0.079	24.14	0.219	41.68	37.70	8.49
TK59	2.21	17.6	0.140	43.05	0.172	40.83	0.404	41.71	57.03	10.79

5　洪积扇碎石土的应用

5.1　大桥水库

大桥水库位于四川省凉山彝族自治州冕宁县境内，是雅砻江一级支流安宁河干流梯级开发控制性龙头水库。水库枢纽工程为二等工程，挡水建筑物为二级，正常蓄水位为 2020m，总库容为 6.58 亿 m^3，主坝为钢筋混凝土面板堆石坝，坝高 93m，电站装机 90MW，灌溉农田面积 87.42 万亩，建筑物地震主烈度 8.5 度。

通过对距坝址较近的大桥洪积扇Ⅲ号碎石土料场的系统勘探及试验研究，查明其基本属性类似于中酸性混杂岩（花岗石、闪长岩、辉绿岩）石渣，经剔除大于 100mm 超径后，碎石土级配连续，小于 5mm 平均含量为 31.3%，小于 0.1mm 平均含量为 7.0%；碎石土压实最大干密度高而比较稳定，设计控制干密度 2.24g/cm^3，综合压缩模量达 138MPa，渗透系数为 $A\times10^{-3}\sim A\times10^{-4}$cm/s 量级，碎石土抗剪强度较高，强度稳定。大桥洪积扇碎石土各项技术指标符合面板堆石坝垫层料用料质量技术要求，建议用于面板堆石主坝垫层区填筑。

大桥水库主坝于 1996 年 3 月开始填筑，依据设计，垫层区采用Ⅲ号碎石土填筑，目前（1997 年）主坝已填筑至 1999m 高程，第一期面板浇筑至 1985m 高程，已于 1998 年 4 月底浇筑完毕，于 1998 年底下闸蓄水。

5.2　瓦都水库

瓦都水库灌溉工程，是凉山州布拖县一项农业开发的基础工程，水库位于布拖县拖觉王洛古乡尼姑河中游，距县城 30km。该工程以灌溉为主，结合乡镇人畜饮水，并兼发电和水产综合效益的中型水利工程，灌溉面积 3.6 万亩，灌区三个梯级电站总装机 60MW。水库大坝为心墙土石坝，坝高 51.0m，正常蓄水位为 2351.3m，总库容为 1470 万 m^3。水库枢纽工程区地震烈度为 7 度。

通过对瓦都水库洪积扇Ⅰ号、Ⅱ号碎石土料场的系统勘探及试验研究，已查明瓦都洪积扇碎石土细料部分为高分散性，具强烈的冲蚀性；料场碎石土级配不均，细粒含量变幅很大且性质差异，对其工程物理力学性质产生影响，表现在压实干密度、抗剪强度、压缩变形及渗透系数的变化较大；同时碎石土浸水软化，致使碎石土具压缩变形显著增大和抗剪强度显著降低等特性。依据上述研究成果，建议瓦都碎石土用于心墙土石坝坝体下游干燥区填筑，现已被工程设计采纳。

6　结语

洪积扇碎石土作为大自然环境的产物，在工程建设资源开发利用的今天，通过大桥及瓦都两个工程对洪积扇碎石土的工程物理力学特性的系统试验研究成果证明，土石坝填筑中依据洪积扇碎石土的工程特性，充分利用洪积扇碎石土填筑于坝体的合适部位，是就地取材充分利用资源，保证工程安全，降低工程造价的必要选择。

红层地区利用风化砂泥岩石渣作防渗料设计对策

陆恩施

摘　要：本文简要分析某工程风化泥岩心墙局部漏水原因，阐述红层砂泥岩做防渗料特性，介绍土石坝渗流控制的新进展，提出采用风化泥质岩石作防渗料的设计对策。

关键词：风化泥质岩；防渗料；渗流控制；设计对策

自四川省中江双河口水库及荣县双溪水库大坝成功应用风化砂泥岩石渣作防渗料以来，四川省土石坝建设中采用风化泥岩石渣作土石坝防渗体得到大面积推广，先后已建成沉抗、关门石、黑龙凼、大洋沟、牛角坑等水库，另有一批工程正在建设中，风化泥岩心墙土石坝已成为四川省水利工程大坝建设中的典型坝型，加快了四川省土石坝建设速度，取得了良好的社会效益及经济效益。然而个别有影响的典型工程产生局部心墙漏水的事故后，人们对风化砂泥岩石渣作防渗料产生疑虑，进而影响到工程建设，有必要总结经验，继续推进四川省土石坝建设。

1　某水库大坝心墙局部漏水分析

该工程是一座以灌溉为主，兼有城市供水、发电、旅游等综合利用的中型近大型水利枢纽工程。大坝为风化泥岩心墙石渣坝，坝长 653m，最大坝高 55m，水库正常蓄水位为 529m，总库容为 9820 万 m^3。

工程于 1997 年复工建设，2001 年正式建成，水库水位在 512.50～524.50m 运行，2003 年 10 月，水库从 524.50m 蓄水至 528.02m 时，大坝左坝段下游坡发现 9 处渗水，其中明显渗水 5 处。

通过对心墙区、下游反滤过渡区和下游坝壳区勘探钻孔中的坝体填筑料、结构及孔内水位变化情况与取样物理力学性质试验资料所作的综合分析，并对下游坡散浸区和渗水点分布与库水位升降关系研究，得出了以下结论：

（1）根据 7 个钻孔查明，大坝心墙防渗料以强弱风化紫红色粉砂质泥岩石渣为主，混夹 10% 左右泥质粉砂岩、粉砂岩碎块，心墙填筑料在勘探范围内（包括漏水段及其上、下填土）细粒料均属粉砂质泥岩石渣（漏水段细粒料小于 0.005mm 达 33.2%，0.075～0.005mm 达 52.4%～54.4%），岩性基本一致。

（2）心墙压实密度总体较好，局部地段（高程变化为 521～525m）碾压密度较差，在此段孔内出现渗漏水位，岩芯呈饱和状，部分岩芯呈松散—稍密状（不能保持原状岩芯），厚度在 80cm 左右，碾压密实段岩芯呈柱状，稍湿，含水量不高，岩芯采取率 100％。

（3）各钻孔初见水位高程见于 523.24～526.48m 范围，证明高程 523m 以下填土密实，透水性小。各钻孔终孔水位均高于初见水位，心墙漏水段水平向渗漏为主。

（4）右坝段初见水位差及终孔水位差均远小于左坝段，右坝段差值为左坝段差值的 42％～47％，右坝段心墙压实密度比左坝段密实和均匀。在库水位 527.99m 条件下，左坝段终孔稳定水位高达 525.954～527.284m，远高于右坝段的终孔稳定水位 523.931～524.561m，表明左坝段心墙漏水层水平连通性好，是大坝心墙局部缺陷的重点部位。

（5）施工期分别在左坝段桩号 0＋274 高程 520m 和桩号 0＋70 高程 527.56m 上检测，人工破碎反滤过渡带料小于 0.1mm 含量 12.8％～17.1％，砂砾石反滤过渡带料小于 0.1mm 含量 12.8％～27.6％，渗透系数达 $A×10^{-5}$ cm/s 量级。

本次勘察在桩号 0＋125 高程 529.820m 处钻孔查明反滤过渡带料混有 10％砂质泥岩石渣，孔内注水试验，渗透系数达 $8.1×10^{-5}$ cm/s。

由此说明反滤过渡带料存在局部渗透系数偏小、排泄条件较差的特征。

（6）钻探查明下游坝壳除泥质粉砂岩石渣，尚有砂质泥岩石渣，全级配小于 5mm 含量为 20.7％～39.3％，小于 0.075mm 含量为 14.5％～32.6％，级配连续，渗透系数达 $A×10^{-4}～A×10^{-3}$ cm/s。

通过以上勘探试验研究分析，大坝心墙局部缺陷主要表现在 0＋345 以左的左坝段，风化泥岩心墙防渗体在高程 523～526.5m 段，厚度约 80cm 碾压密实度较差，透水性较强，使心墙在该部位以水平渗流为主，加之下游反滤过渡带料渗透系数偏小，达不到通畅排水的效果，致使渗透水沿水平向集中于高程 517.0m 马道排水沟上游侧及其以上高程坝坡面渗出。

大坝心墙整治经方案比选，采用加压充填灌黏土浆防渗处理方案，沿坝轴线方向布置双排灌浆孔，排距为 1.2m，孔距为 2.0m，灌浆高程为 520～530m，对心墙不密实层充填黏土浆液，重点在左坝段至左岸接合部位范围实施。经整治处理后，库水已蓄至正常高水位 529m，坝坡下游面无渗漏水渗出，水库运行正常。

2 红层地区坝料特性

工程实践已经证明，红层地区风化砂泥岩石渣作土石坝防渗体用料已是成功的事实，而红层地区砂岩、泥质粉砂岩、泥岩、粉砂质泥岩互层的地层特性也是不能回避的现实。

根据已有的工程建设经验看，侏罗系、白垩系地层强、弱风化泥岩、粉砂质泥岩及强风化泥质粉砂岩（泥质物含量可达 30％、岩石饱和抗压强度小于 10MPa）均已用于土石坝防渗体用料。在泥岩、粉砂质泥岩原岩研究中初步得知，石渣细粒料液限大于 26％、黏粒含量大于 20％的泥岩、粉砂质泥岩料具备作防渗料的基本条件。而石渣细粒料液限小于 26％、黏粒含量小于 20％的泥岩、粉砂质泥岩料，要完全满足防渗料渗透系数不大于 1.0×10^{-5} cm/s 则相对困难。某些胶结强度较高的钙质粉砂质泥岩，则不具备用作防渗料的条件。

由此，在红层地区料场调查中，详细查明岩石分层岩性、层厚、各类岩石比例、风化程度、岩石可崩解性、开采条件等至关重要。

3 土石坝渗流控制的发展及现状

（1）土石坝渗流控制已由早期的以防为主，转而防渗与排渗相结合，至 20 世纪 80 年代中期，著名坝工专家谢拉德明确提出反滤层是防止土石坝渗透破坏的关键性措施的观点。从此使渗流控制进入防渗、排渗和反滤层三结合的新阶段。

（2）工程原型观测及室内试验证明，土的渗透破坏都是从薄弱的渗流出口开始带走土颗粒，然后向上游发展，最后形成上、下游连通的渗流通道。工程实践已经证明，渗流出口渗透稳定的控制是渗流安全控制的关键。

（3）反滤层的功能是滤土减压，既能阻止土颗粒被渗流水带走，又能释放防渗体中的水压力，使渗透水流进入反滤层后压力消失，渗流出口设置反滤层后，实际上提高了防渗土体的抗渗强度。

中国水利水电科学研究院的大量试验研究及工程实践证明，在可靠的反滤层条件下，心墙中的裂缝、软土层、压实不足等并未影响到特薄心墙坝的安全，在渗流的作用下裂缝可自行愈合。

（4）传统的设计采用肥厚的防渗体，并采用在截水槽与基岩面设高约 2m 的混凝土防渗墙，增长渗径。近三四十年防渗体厚度减薄，20 世纪 60 年代后修建的坝高为 220～260m 的高土石坝，防渗体允许水力比降达 3.0。英菲尔尼罗土石坝，坝高 148m，心墙边坡为 1∶0.0887，允许水力比降为 4.1。我国辽宁柴河大坝，高 42m，心墙边坡为 1∶0.0647，截水槽只有 5m，允许水力比降达 8.4。许多工程取消了黏土截水槽与基岩面的混凝土防渗墙，使填土与岩石面呈平面接触，保证了填筑质量，并加强接触面下游反滤层。

（5）防渗料已由纯黏土向更大范围料源发展。如坡积料、风化料、多级配砾石土（包括冰碛土、砂泥岩风化料）等。目前认为只要满足以下要求的土料，都可用作防渗料：① $d < 0.075$ mm 的颗粒含量大于 17％；②渗透系数 $K \leqslant A \times 10^{-5}$ cm/s。这里核心条件是②，满足 10^{-5} cm/s 数量级，防渗性就有保证，大坝渗流量可以控制在允许的范围之内。

（6）反滤层设计方法更加完善。在土石坝设计规范里对无黏性土和黏性土有了明确的表述，同时土的抗渗强度研究取得重大进展，主要是：①无黏性土的渗透变形主要取决于土的颗粒组成。均匀土是内部结构稳定的土，只有流土一种型式；不均匀土取决于细粒含量，细粒含量小于 25％时为管涌型；大于 35％为流土型；25％～35％为过渡型。②黏性土分为分散性土和非分散性土。分散性土若无裂缝，渗透水的水质含有一定的 K^+、Na^+、Ca^{2+}、Mg^{2+} 时，其中的黏土颗粒并不会分散为原级配颗粒。否则分散性土抗渗强度较低，一般情况小于 0.1。③砾石土的抗渗强度及渗透系数，主要取决于粒径小于 0.1mm 的颗粒含量，小于 0.1mm 的颗粒含量小于 20％均可作防渗料。总之针对各种防渗土料，做好反滤层设计，若有反滤层做保护，抗渗强度可提高 2 倍以上。

4　设计对策

通过对四川省某工程心墙局部渗水的分析及处理，总结红层砂泥岩工程特性以及我国土石坝建设特别是土石坝渗流控制理论研究及发展状况，在土石坝设计中采用风化砂泥岩石渣作防渗料时应关注以下方面：

（1）重视红层料场勘探工作。根据红层特性，认真查明岩层分层岩性、层厚、各类岩石比例、开采条件等；根据料场特征，做好料场规划，确定开采方案，取用料计划。

（2）重视红层风化砂泥岩基本性质的研究。研究其可崩解性，确认其用于防渗料的可行性。

（3）依据各类泥质岩石风化程度。研究开采上坝料级配、最大控制粒径、小于 5mm 含量比例，以确定相应石渣料压实标准。

（4）在研究使用风化砂泥岩石渣作防渗料的同时，仍应加强库区范围内黏性土料的调查，保证防渗体用料质量与数量要求。

（5）防渗体下游面的反滤层是防止心墙裂缝冲蚀、保证心墙安全的首要措施，重视和提高反滤层的设计标准，严格控制反滤层的等效粒径允许值，限制反滤料不均匀系数 $Cu \leqslant 20$（经试验研究论证，可适当增大），同时增加反滤层在两岸岸边的厚度。

（6）根据下游坝壳材料性状，与基岩面接触带设置必要的排水过渡料，保证通过心墙的渗水通畅排出，以保证大坝安全。

试论碾压式土石坝筑坝材料勘察质量评价 *

陆恩施

1 概述

20 世纪 70 年代以来，我国土石坝建设有了很大的发展，随着勘察、科研试验、施工方法及机具水平的不断提高，更加推动了土石坝工程设计水平的进步。近 20 年，尤其是混凝土面板堆石坝的出现和发展，我国土石坝工程建设进入了一个新的发展时期。

自水电部颁发《碾压式土石坝设计规范》（SDJ 218—84）以来，1992 年 9 月 10 日又编制了《碾压式土石坝设计规范部分条文修改和补充规定》，1993 年颁发了《混凝土面板堆石坝设计导则》（DL 5016—93），1999 年 2 月 1 日实施《混凝面板堆石坝设计规范》（SL 228—98），标志着我国土石坝设计水平已达到新的高度。然而在土石坝筑坝料的勘察中，仍然遵循着《水利水电工程天然建筑材料勘察规程》（SDJ 17—78），由于设计规范的不断更新和发展，SDJ 17—78 筑坝材料质量技术标准严重滞后于设计规范要求，给筑坝材料勘察、正确评价材料质量、坝型选择及合理使用筑坝材料带来困难，甚至于造成错误的结论。为适应当今土石坝建设发展水平，在科学试验研究及工程实践的基础上，有必要对 SDJ 17—78 筑坝材料质量技术要求标准及种类作必要的修改和补充。

笔者结合四川省 20 余年来在水利水电工程建设中，对土石坝筑坝材料的选择研究及其质量评价，作一探讨，抛砖引玉，以求推动土石坝建设的进一步发展。

2 关于筑坝材料的选择

2.1 筑坝材料勘察的历史状况

长期以来土石坝筑坝材料的选择及勘察，受 SDJ 17—78 指导，普遍存在以下现象：

（1）调查防渗体土料，主要局限于纯黏性土料，因而造成破坏许多可耕良田沃土，或到较远的地方取土。如 20 世纪 70 年代修建的升钟水库大坝心墙用黏土

---

* 本文发表于《土石坝工程》2002 年第 11 期。

运距达 20 余公里，增大工程投资。

（2）20 世纪 70 年代前四川省修建的许多中小工程，多采用均质土坝，因对黏土胀缩特性认识不足，使用了膨胀黏土填筑均质土坝，工程建成运行多年，因上游坡长期浸水饱和，土体膨胀，当库水位急骤下降，上游坡产生滑坡，如简阳张家岩水库大坝。更有甚者，有的工程修建过程中即产生坝坡滑动，如邻水县肖家沟、道朝门两水库土坝。

（3）SDJ 17—78 质量标准要求土料 pH 值大于 7，$SiO_2/R_2O_3 > 2$，以至适用于作防渗土料的红土（pH 值小于 7，$SiO_2/R_2O_3 \leq 2$）被排斥在防渗体用料之外。

（4）在坝壳填筑料勘察上，主要强调坚硬石料，要求湿抗压强度大于 40MPa，软化系数大于 0.8，以至于大量开挖料及软岩料未能利用。

（5）强调反滤料级配尽量均匀，不均匀系数小于 8，工程实施要人工筛选，反滤层一般在二层或三层，增大施工难度和造价。

2.2 土石坝填筑材料的发展

随着科学技术的发展，施工机具水平提高，四川省对各种筑坝料在充分试验研究认识的基础上，对 SDJ 17—78 有重大的突破，为合理选择坝型和坝体断面结构以及顺利施工提供了条件，促进了四川省土石坝设计水平的不断更新。

（1）采用风化岩石渣料坝壳，在四川省得以普遍推广应用。如升钟水库大坝、中江双河口水库大坝、荣县双溪水库大坝都是采用风化砂岩石渣作坝壳。攀枝花胜利水库利用风化石英闪长岩石渣料作坝壳。

（2）采用风化砂、泥岩石料填筑土石坝防渗体。如双河口水库大坝斜墙、双溪水库大坝斜墙、绵阳沉抗水库心墙等。

（3）特殊土（膨胀土、红土）特性的研究，扩大了防渗体用料的范畴。如升钟水库大坝心墙用料使用了部分膨胀土；米易晃桥水库、布拖瓦都水库采用红土化黏土作心墙。

（4）反滤层用料突破了 SDJ 17—78 砂砾石不均匀系数小于 8 的标准。如龚嘴电站土石围堰心墙反滤层采用 $D < 100$mm 全料砂砾石，不均匀系数达 68.6～270，安全度汛四年经受了洪水考验。冕宁大桥水库碎石土心墙堆石副坝，采用 $D < 200$mm 砂石全料设一层宽 6.0m 的反滤过渡层，已建成蓄水。在缺乏天然砂砾石的条件下，采用人工石渣料反滤层如双溪水库斜墙堆石坝采用 $D < 80$mm 全料石渣填筑反滤过渡层。在用料上亦有重大突破，米易晃桥水库，经试验研究确定采用堆石料场中以闪长岩、闪长玢岩及石英正长岩构成的挤压破碎带料作反滤过渡料。

（5）近十年来，我国面板堆石坝有了很大的发展，筑坝材料的勘察和利用有了更新的变化，堆石用料突破了湿抗压强度大于 40MPa 及软化系数大于 0.8 的双重标准，允许采用湿抗压强度小于 20～30MPa 的软岩填筑在坝体的下游分区。当利用软岩作主堆石区，则采用在坝内上游设置排水区的措施。湖南株树桥面板堆石坝利用湿抗压强度大于 25MPa 的弱风化板岩以及湿抗压强度为 10～25MPa 的强风化板岩填筑在坝体下游中、上部分区。实践证明，坚硬岩地区，由于强烈的地质构造作用，坚硬岩体裂隙发育，块体易破碎，因而无须满足岩石软化系数的要求，仅以湿抗压强度控制即可，冕宁大桥水库面板坝堆石区填筑中采用了风化带岩石（湿抗压强度大于 40MPa），效果较好。

在垫层料源上，除通常的人工碎石料及天然砂卵石料外，大桥水库经大量的试验研究论证后，采用基本属性类似于中酸性混染岩石渣的洪积扇碎石土作垫层料，效果很好，在用料上取得重大的突破。

综上所述，包括四川省在内，国内 20 多年来工程建设、科学试验研究的实践，土石坝材料无论在料源种类、材料特性认识及可利用性方面，较 SDJ 17—78 都有很大的突破。进一步证明筑坝土石料的勘察和试验研究，在于查明坝址附近各种土石料的性质、储量和分布，优先考虑枢纽建筑物的开挖渣料，给筑坝材料的选择和利用提供依据。选择筑坝料的原则应是：针对各种土石料的特性，使用在相应的工程部位，做到便于施工，满足技术要求，力求经济合理。

2.3　关于土石坝筑坝材料质量技术要求

实践已经证明，SDJ 17—78 对筑坝土石料的质量技术要求，已不能适应当今土石坝《混凝土面板堆石坝设计规范》（SL 228—1998）不断更新提高的水准，特别是混凝土面板堆石坝的兴建，垫层料的质量技术要求，SDJ 17—78 尚未涉及。笔者在研究有关设计规范要求的基础上，结合笔者单位近年来土石坝筑坝材料的勘察、试验及设计实践，提出主要筑坝材料质量技术要求，供讨论及使用参考，以期不断补充和完善土石坝筑坝材料的质量技术要求。

（1）防渗体土料质量技术要求，见表 1。

表 1　　　　　　　　　　　　防渗体土料质量技术要求

项　目	指　标				备　注
	黏性土料	砾（碎）石土	风化岩（砂、泥页岩）	人工混合料	
黏粒含量	15%～40% 为宜	>10%		>10%	红土黏粒含量高，论证可突破
塑性指数 I_P	<20				$I_P>20$ 和 $W_L>40\%$ 的需经论证
天然含水量	与 W_{OP} 或 W_P 近似	与 W_{OP} 近似	与 W_{OP} 近似	与 W_{OP} 近似	

续表

项目		指标				备注
		黏性土料	砾（碎）石土	风化岩（砂、泥页岩）	人工混合料	
有机质	均质坝	≤5%	<5%	<5%	<5%	
	心斜墙	≤2%	<2%	<2%	<2%	
水溶盐含量		≤3%	<3%	<3%	<3%	
紧密密度		大于天然密度	大于天然密度	>1.80g/cm³		
渗透系数	均质坝	≤1×10⁻⁴ cm/s				
	心、斜墙	≤1×10⁻⁵ cm/s	≤1×10⁻⁵ cm/s	≤1×10⁻⁵ cm/s	≤1×10⁻⁵ cm/s	
<5mm 含量			>50%	碾压后>50%	>50%	经论证后可适当调整
<0.075mm 含量			>20%	碾压后>20%	>20%	
最大粒径			100～150mm	<2/3 铺土厚度	100～150mm	

（2）坝壳填筑用料质量技术要求，见表2。

表2　　　　坝壳填筑用料质量技术要求

项目	指标			备注
	堆石	砂砾（卵）石	砾（碎）石土	
岩石饱和抗压强度	>30MPa			中、低坝可使用的<30MPa 软岩
紧密密度	≤2.0g/cm³	>2.0g/cm³	大于天然密度	
>5mm 含量	>80%	>60%	>60%	
<0.075mm 含量	<5%	<10%	<10%	
相对密度	满足设计规范规定	应满足设计规范规定		
渗透系数	碾压后>1×10⁻² cm/s	碾压后>1×10⁻² cm/s	碾压后>1×10⁻² cm/s	应大于防渗体的50～100 倍
最大粒径	小于填筑层厚	小于3/4填筑层厚	小于3/4填筑层厚	

（3）反滤层、过渡层用料质量技术要求，见表3。

表3　　　　反滤层、过渡层用料质量技术要求

项目	指标			备注
	人工碎石	砂砾（卵）石	天然碎石	
级配	具有要求的颗粒级配	具有要求的颗粒级配	具有要求的颗粒级配	
岩石饱和抗压强度	>40MPa	具抗水性及抗风化能力	具抗水性及抗风化能力	
最大粒径	<80mm	<80mm	<80mm	可论证调整
<5mm 含量	<40%	<40%	<40%	可论证调整

62

项　目	指　标			备　注
	人工碎石	砂砾（卵）石	天然碎石	
<0.075含量	5%～8%	5%～8%	5%～8%	
渗透系数	$A \times 10^{-2} \sim$ $A \times 10^{-4}$ cm/s	$A \times 10^{-2} \sim$ $A \times 10^{-4}$ cm/s	$A \times 10^{-2} \sim$ $A \times 10^{-4}$ cm/s	可按反滤、过渡料调整

注　1. 在分设反滤层及过渡层情况下，过渡层最大粒径通常可达200～300mm。
　　2. 现代坝工设计有联合设置反滤过渡层的趋势，在满足反滤层设计准则的原则下，最大粒径经试验论证后可适当增大。

（4）面板堆石坝垫层料质量技术要求，见表4。

表4　　　　　　　　　　　　　垫层料质量技术要求

项　目	指　标			备　注
	人工级配料	砂砾（卵）石	天然碎石土	
级配	良好的级配	良好的级配	良好的级配	
岩石饱和抗压强度	>40MPa	坚硬抗风化力强	坚硬抗风化力强	
最大粒径	80～100mm	80～100mm	80～100mm	
<5mm含量	30%～50%	30%～50%	30%～50%	
<0.075mm含量	<8%	<8%	<8%	经论证后可适当调整
紧密密度	满足设计规范	满足设计规范	大于堆石密度	
孔隙率 n	<21%	<21%	<21%	
相对密度	满足设计规范	满足设计规范		
渗透系数	满足工程对垫层的要求			

3　结语

（1）依据土石坝设计规范、面板堆石坝设计规范的用料原则，修改和完善SDJ 17—78是当今土石坝建设的需要，本文涉及的筑坝材料质量技术要求，可供建材勘察规程修订参考。

（2）实践证明，科学试验是作好土石坝筑坝材料选择及评价的重要环节。查明坝址附近各种天然土石料的性质、储量和分布，以及枢纽建筑物开挖渣料的性质和可利用数量，才能保证经济合理地选择坝型，作好坝体断面结构设计，保证顺利施工，达到节省投资、修建优质土石坝工程的目的。

（3）加强设计、地质、试验专业间的密切合作，共同研究筑坝材料勘察、选择及评价工作，是搞好土石坝设计和建设的可靠保证，并将推动土石坝工程建设的更新发展。

无黏聚性粗粒土最大干密度试验方法探讨 *

刘　勇　陆恩施

摘　要： 最大干密度是确定无黏聚性粗粒土设计参数相对密度的主要指标。本文通过试验研究，推荐采用表面振动器法测定最大干密度；同时对测试技术及方法进行了相应的研究，成果已在工程实践中得以应用和验证，取得较好的效果。

关键词： 粗粒土；最大干密度；表面振动器；试验方法

1　概述

无黏聚性粗粒土采用相对密度指标，对砂卵石地基密实度评价及土工建筑物的设计和施工控制，具有极其重要的意义。

在粗粒土相对密度试验中，最主要的是最大干密度的测定方法。目前粗粒土相对密度试验在水利水电工程中大都遵循《土工试验规程》（SD 128—87）。近二十多年来，随着施工机具的发展，大型（重型）振动碾的使用，国内外土石坝（面板堆石坝、石渣坝）工程建设的发展，促进了粗粒土的研究，从测试技术到实际应用都有较大的发展。但在实践中，特别是对于含大粒径的粗粒土最大干密度的确定，应用现行 SD 128—87 振动台法的试验成果大都低于实际施工碾压干密度，难以实现用相对密度指标评价它的压实紧密度；达不到对现场施工指导的目的。近几年，针对工程设计中筑坝材料试验研究，笔者结合工程对无黏聚性粗粒土相对密度中最大干密度试验的仪器及方法进行了比较试验研究，并取得相应成果。

2　试验仪器

最大干密度测试的主要设备为振动台，一般单位均利用 $1m^2$ 混凝土振动台。此外，笔者还采用表面振动器法测定无黏聚性粗粒土最大干密度，并进行两种仪器及试验方法的比较研究。

表面振动器与试样筒参数见表 1，表面振动器如图 1 所示。

---

* 本文发表于《水利水电技术报导》1999 年第 2 期。

表 1　　　　　　　　　　　表面振动器与试样筒参数

| 振动器参数 | | | | 试样筒参数 | | 试样允许最大粒径/mm |
型号	自重/kg	振动频率/Hz	激振力/kN	直径/cm	高度/cm	
B—11	42.0	47.5	4.71	30.0	34.0	60.0

图 1　表面振动器

3　两种振动仪器测定最大干密度的比较

在比较试验中，采用同一试料和级配，分三层振动压实。每层振动时间为 8min 的相同试验条件，测定最大干密度。试验成果列于表 2 中。

表 2　　　　　　　　　　　最大干密度试验成果比较

试样编号	垫层料（灰岩）			过渡料（砂卵石）	堆石料（灰岩）
<5mm 百分含量/%	44.0	35.0	27.0	35.0	5.0
振动台最大干密度/(g/cm³)	2.12	2.17	2.11	2.16	1.95
表面振动器最大干密度/(g/cm³)	2.29	2.33	2.28	2.28	2.13
振动台/表面振动器	0.92	0.93	0.92	0.95	0.92

从试验成果中可以看到振动台法测定的最大干密度值远小于表面振动器法测得的最大干密度值。当试样岩块坚硬、角砾状、磨圆度差时；表面振动器法最大

干密度值可比振动台法最大干密度值提高 0.16～0.18g/cm³，当试样为卵砾、磨圆度好时，表面振动器法最大干密度值可提高 0.12g/cm³。

由于采用了两种振动仪器，所求最大干密度值相差较大；从振动器的角度看，主要表现出以下几点不同：

（1）振动台振动时，振源在试样的底部下面；表面振动器振动时，振源在试样的上面。

（2）振动台振动时，试样在压重下受到下面振源的振动而压实；表面振动器振动时，试样受到上部振源的直接振动而压实，与现场振动碾压相似。

（3）振动台振动时，试样筒与振动台、加重底板与加重物、加重物本身之间产生相互间的碰撞，损耗一定量的振动能；表面振动器振动时，振动能基本上转化为压实土体所需的功。

在实际工作中，由于采用 SD 128—87 的现行振动台法测定最大干密度值偏低，导致筑坝料的工程力学特性参数的可靠性降低，进而影响工程设计质量，使之难于指导施工。

表 3 列出了某水库筑坝料采用表面振动器法测定的最大干密度成果，并依据该成果提出了该工程各类材料的设计控制干密度。

表 3 某水库大坝填筑料压实干密度

分区	用料	填筑料最大粒径/mm	试验最大干密度/(g/cm³)	设计控制		施工碾压		大坝度汛断面	
				干密度/(g/cm³)	相对密度/%	试验干密度/(g/cm³)	平均干密度/(g/cm³)	实测干密度/(g/cm³)	平均干密度/(g/cm³)
垫层	洪积扇碎石土	100	2.33	2.24	86	2.24～2.30	2.28	2.20～2.38	2.30
过渡料	砂卵石	250	2.35	2.28	85	2.29～2.39	2.34	2.26～2.39	2.33
堆石	中酸性混染岩	800	2.23	2.16	91	2.16～2.31	2.22	2.15～2.28	2.20

注 施工采用 16t 振动碾。

该工程目前正在施工之中，以设计干密度作为施工控制的标准，经施工碾压试验及大坝施工质量检测，其检测成果均满足控制标准（表 3）。

由上述试验研究成果可以看出，表面振动器法测求最大干密度值大于振动台法测值；采用表面振动器法测定的最大干密度值可以作为设计控制依据。经施工实践证明，设计控制指标可用以指导施工，满足施工及工程质量要求。

4 振动试验方法的研究

现行 SD 128—87 采用倾注松填法测定最小干密度，采用振动压实法测定最大干密度。

最大干密度试验采用单层装样，振动历时 8min；测定试样压实后的体积，计算最大干密度值。在采用表面振动器的基础上，对装样方式、振动时间等因素进一步进行了试验探讨。

4.1　单层装样振动与三层装样振动的比较

单层装样振动，直接在最小干密度试验装好的试样上振动 8min；计试样体积测求最大干密度。

某工程灰岩堆石料，单层装样振动时间与干密度的成果见表 4，其关系如图 2 所示。振动时间大于 4min 后，每增加 1min 振动时间，最大干密度增大约 0.01g/cm³，振动时间超过 10min 后，干密度增加甚微。

表 4　　　　　　　　　　单层装样振动时间与干密度成果

振动时间/min	干密度/(g/cm³)	振动时间/min	干密度/(g/cm³)
0	1.50	8	1.93
1	1.83	9	1.94
2	1.85	10	1.95
3	1.88	11	1.96
4	1.89	12	1.96
5	1.90	13	1.97
6	1.91	14	1.97
7	1.92	15	1.98

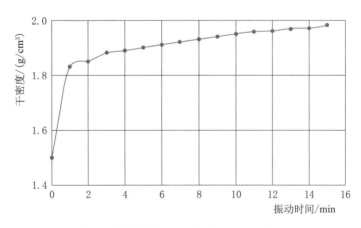

图 2　单层装样振动时间与干密度关系

三层装样振动，将试样分为 3 等份，每装入 1/3 试样，振动 8min，三层装完共振动 24min，最后实测试样体积，计算最大干密值。

在相同的试样及级配条件下，采用三层装样振动后，实测试样体积和风干试样含水量，计算求得最大干密度值可达 2.14g/cm³。

分析成果可知，单层振动 8min 时干密度为 1.93g/cm³ 与三层振动 8min 时干密度为 2.14g/cm³ 的比值为 0.90；三层法提高干密度值 0.21g/cm³。在相同的条件下，三层装样明显优于单层装样。

4.2 软岩堆石料振动时间与振动效果

本文前面的研究成果均属于坚硬岩石的各类筑坝料试样，按 SD 128—87 要求振动 8min 后，干密度随振动时间的增加较缓慢，采用表面振动器分三层振动压实可以获得符合工程实际的最大干密度值。

在采用表面振动器的基础上，进一步结合工程实践研究软岩堆石振动压实效果。某水库泥钙质胶结的粉砂岩物理力学指标列于表 5 中。

表 5 　　　　　　　　　　　粉砂岩物理力学指标

试样编号	比重	干密度 /(g/cm³)	孔隙率 /%	干抗压强度 /MPa	湿抗压强度 /MPa	软化系数
PD4RD1	2.75	2.17	21.1	1.90	0.52	0.27
PD4-1RD1	2.77	2.29	17.3	6.11	1.68	0.28

粉砂岩堆石级配为：试样最大粒径 60mm，PD4RD1 小于 5mm 粒组含量为 10%，PD4-1RD1 小于 5mm 粒组含量为 30%。

振动时间与干密度的关系及振动时间与振后小于 5mm 粒组增量的关系见表 6、图 3、图 4。

表 6 　　　　　　　　振动时间与干密度和小于 5mm 含量的增量

振动时间 /min	PD4RD1 干密度/(g/cm³)	PD4-1RD1 干密度/(g/cm³)	振动时间 /min	PD4RD1 <5mm 粒组增量/%	PD4-1RD1 <5mm 粒组增量/%
0	1.42	1.60	0	0.0	0.0
1	1.96		1	18.1	
2	1.98	2.02	2	21.4	8.2
4	1.95	2.02	4	30.8	11.7
6	1.90	2.02	6	40.0	13.2
8	1.89	2.00	8	46.9	21.0

由试验成果可见：①这类极软岩堆石按 SD 128—87 振动 8min，干密度都不同程度有所下降。PD4RD1 振动 2min 干密度达到最大值 1.98g/cm³；PD4-1RD1 振动 2min、4min、6min 干密度值一直稳定在 2.02g/cm³。②随着振动时间增加，堆石料中小于 5mm 粒组增量也随之增加。PD4RD1 岩石强度极低，其试样级配振前小于 5mm 含量较少，因而振动破碎量较大。③众多的研究指出：料中小于

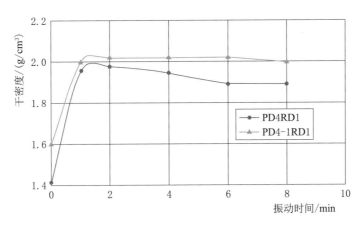

图 3　振动时间与干密度的关系

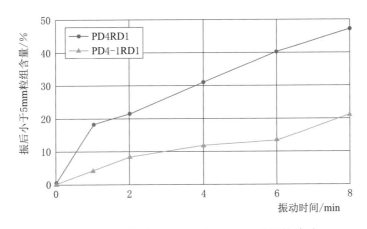

图 4　振动时间与振后小于 5mm 粒组增量的关系

5mm 含量在 30％～40％时，粗细颗粒充填关系较好，压实干密度最大。坚硬岩石因其振动压实破碎量较小，其干密度主要受压实前级配控制，这已被硬岩堆石振动压实所证实。软弱岩石因其易于压实破碎，则与压实前级配关系不明显，只要控制压实后的小于 5mm 粒组含量达到 30％～40％，则可获得最大干密度值。

本次极软岩振动两组试件，振动时间为 2～4min 时的干密度值则与上述结论相吻合。因此不同强度的岩石作大坝填筑材料，其振动压实时间应是不同的。

通过上述试验研究及分析，有以下认识：

（1）无黏聚性粗粒土相对密度试验宜采用三层装样振动法，求最大干密度。

（2）不同强度岩石堆石料，振动历时应各不相同。坚硬岩石采用 SD 128—87 规定的振动时间 8min 是适宜的。软弱岩石堆石料，现有试验研究成果证明振动时间采用 8min 是不恰当的，对软岩、极软岩粗粒料，建议振动时间以 4min 为宜。

5 试样含水量对最大干密度的影响

SD 128—87 采用干法（烘干试样）及湿法（天然湿土或加适当水）两种方法测定最大干密度。在实际工作中烘干试样带来费工费时及与现场施工条件不符等问题，因而研究试样在什么状态下振动压实效果最佳？这关系到无黏聚性大坝填料最大干密度的可靠性。

某水库面板堆石坝垫层料（中酸性混染岩洪积扇碎石土）及堆石利用料（基岩为中酸性混染岩坝基开挖料），应用表面振动器，三层振动压实法，不同含水量时的压实干密度。试验成果见表 7、图 5 及表 8、图 6。

表 7　　　　　　　　　　　　　堆石坝垫层料含水量与干密度的关系

初设阶段		技施阶段		复查阶段	
含水量/%	干密度/(g/cm³)	含水量/%	干密度/(g/cm³)	含水量/%	干密度/(g/cm³)
1.8	2.25	1.5	2.24	0.82	2.33
3.9	2.12	4.4	2.11	3.1	2.17
5.8	2.21	6.0	2.09	3.4	2.18
7.1	2.33	7.6	2.24	4.6	2.14
8.4	2.25	7.8	2.23	5.0	2.15
		10.7	2.03	6.6	2.34
				6.8	2.33
				7.8	2.34
				8.8	2.33

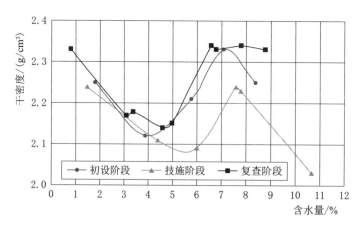

图 5　某水库垫层料含水量与干密度的关系

表8 堆石利用料含水量与干密度的关系

含水量/%	干密度/(g/cm³)	含水量/%	干密度/(g/cm³)
0.9	2.29	4.8	2.29
0.9	2.30	5.2	2.28
1.3	2.21	5.4	2.34
3.2	2.20	5.8	2.31
3.9	2.22	6.3	2.26
4.2	2.25	6.7	2.20
4.6	2.28	6.8	2.20
4.7	2.22		

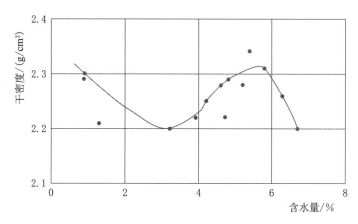

图6 某水库利用料 $P_5=85.2\%$ 与干密度的关系

由试验成果可知，这种无黏聚性粗粒土振动压实条件下，含水量与干密度的关系与黏性土击实曲线形态相似。当无黏聚性粗粒土处于高度风干状态（近于干燥）时，振动压实可获得高的干密度，随着含水量的增加，颗粒表面水膜产生的黏滞阻力也随之增加，使得压实干密度减小。当试样含水量逐渐增加时，水膜的润滑作用也增大，黏滞阻力减小，压实干密度增加并逐渐达到最大值。当含水量超过某一含水量界限（最优含水量）后，压实一部分被试样中的水消耗，因而粗粒土压实干密度也相应降低。

依据上述试验成果可以看出：

（1）无黏聚性粗粒与黏性土类似，在一适当含水量（最优）条件下，可获得较高的压实最大干密度。

（2）无黏聚性粗粒土在高度风干状态（含水量等于1%左右）下，振动压实干密度与最优含水量状态下压实干密度相近。因而采用风干（控制试样含水量小于或等于1%）状态试样替代烘干试样是可行的。

（3）基于上述两点，在工程各类粗粒土材料研究之初，可同时进行干法（风干）与湿法（最优含水量状态）的比较研究，探讨大量试验时应采取的方法。

6 结语

无黏聚性粗粒土相对密度指标，是工程设计和施工控制的重要参数，而最大干密度值的可靠与否直接影响工程设计参数的选择。笔者对最大干密度测试技术的研究及成果已应用于工程实践中效果是好的。其要点是：

（1）建议无黏聚性粗粒土最大干密度试验增加表面振动器法。

（2）振动试验宜采用三层装样振动压实的方法。

（3）不同岩质强度的材料振动时间是不同的。坚硬岩质材料，每层振动 8min 是适宜的；极软岩材料每层振动 4min；软岩材料还需进一步研究。

（4）各工程粗粒土材料研究之初，宜同时进行干法（风干）与湿法（最优含水量）的比较研究，探讨大规模试验时应采用的方法。坚硬岩粗粒土料采用高度风干（试样含水量小于或等于 1% 左右）料试验替代烘干样试验测定最大干密度是可行的。

紫坪铺面板坝坝料填筑标准的讨论

陆恩施

摘　要： 面板坝坝料填筑标准是坝工设计的关键性课题之一，本文针对无黏聚性材料最大干密度的测定、无黏聚性材料填筑标准按相对密度（或孔隙率）及压实度确定等问题，结合工程对比分析，论述了紫坪铺面板坝坝料填筑标准的合理性。

关键词： 紫坪铺；面板坝坝料；填筑标准；压实度

1　坝料填筑标准常规设计及存在的问题

面板坝设计规范指出，面板坝各分区材料填筑标准，应根据坝的等级、高度、河谷形状、地震烈度及材料特性等因素，参考同类工程经验综合确定。土石坝设计规范对黏性材料按压实度选定填筑干密度，无黏聚性材料填筑标准按相对密度（或孔隙率）确定。面板坝规范则明确了各分区材料相应的孔隙率或相对密度来控制。通常砂砾石填筑标准按相对密度确定，而堆石填筑标准按孔隙率确定，根据工程特性、工程类比选取一个孔隙率，以岩石密度（设计规范允许硬岩堆石以岩石密度替代比重）和孔隙率换算出干密度作为控制标准。

在以往的设计中又会出现什么问题呢，主要在坝料填筑标准采取上，设计规范对于堆石部分拟定的标准是根据已建面板坝的经验确定的平均孔隙率（应当指出的是，此时的经验是建立在 100m 级以下面板坝建设基础之上的），因此一般选在规范范围居中，如天生桥面板坝堆石孔隙率为 23%（规范范围孔隙率为 20%～25%）。众所周知，天生桥面板坝（坝高 178m）产生大变形（坝体变形达322cm）、面板与垫层脱空及结构性裂缝等问题（与天生桥面板坝情况类似的还有墨西哥阿瓜米尔帕坝，坝高 185.5m），专家们分析，产生上述问题是因为大坝较高，为满足度汛及拦洪要求，采取分期填筑及分期浇筑面板的施工方法，由于填筑分区高差过大、后期施工速度过快、次堆区用料质量、主堆石与次堆石压缩模量相差过大等原因。实质上堆石料填筑标准偏低是很重要的原因。又如，乌鲁瓦提砂卵石堆石面板坝，该工程是水利部水利科技重点项目高混凝土面板砂砾石坝关键技术研究的依托工程之一，设计中，主堆石砂卵石采用相对密度 $D_r = 0.85$ 设计（根据室内相对密度试验确定），相应干密度 $\rho_d = 2.25\text{g/cm}^3$。施工中，工程采用 D_r、ρ_d、P_5 三因素相关图控制，施工碾压最大干密度 $\rho_{dmax} = 2.39\text{g/cm}^3$，施工

碾压平均干密度 $\rho_{dmax} = 2.346\text{g/cm}^3$ 时相应在三因素相关图上 $D_r = 0.93$，而设计干密度 $\rho_d = 2.25\text{g/cm}^3$ 时在三因素相关图上 D_r 仅为 0.75；在三因素相关图上 $D_r = 0.85$，其干密度 $\rho_d = 2.32\text{g/cm}^3$，这里反应两个问题：一是设计干密度偏低；二是设计中依据的最大干密度偏小，造成设计填筑标准相对密度 D_r 的不准确性。上述工程实例说明在面板坝设计中如何确定孔隙率及相对密度是很关键的课题。

实际工作中都要求研究确定较可靠的最大干密度值，才能准确选择相适应的设计干密度，以求其孔隙率及相对密度。其实孔隙率及相对密度都是间接计算指标，最大干密度的测定就变得尤其重要。

2 最大干密度测定问题

现行《土工试验规程》（SL 237—1999）最大干密度的测定是采用相对密度试验中之振动台法，实践证明往往施工压实干密度值大于室内试验最大干密度值，即得到压实度及相对密度大于 1，显然这是室内最大干密度测值不准造成的。20 世纪 90 年代中期紫坪铺初步设计开始，四川省水利水电勘测设计将最大干密度作为关键性技术问题研究，采用表面振动器法进行长期系统的研究，形成一套完整的试验方法，其基本要点是：采用表面振动器及试样筒，分三层装样及振动压实（土工试验规程的振动台法为单层振动压实），每层振动时间 8min（坚硬岩石）。表 1 列出四川省近几年几座土石坝工程实施情况。

表 1　　　　四川几座土石坝工程室内最大干密度与现场碾压干密度比较

工程	坝高 /m	坝型	分区	用料	最大粒径 D_{max} /mm	室内最大干密度 ρ_{dmax} /(g/cm³)	设计控制			施工碾压平均干密度 ρ_d /(g/cm³)
							干密度 ρ_d /(g/cm³)	n/D_r /%	压实系数	
大桥	93	面板坝	堆石	中酸性混染岩	800	2.23	2.16	21.7/91	0.97	2.20
			过渡料	砂卵石	250	2.35	2.28	17.7/85	0.97	2.34
			垫层	洪积扇碎石土	100	2.33	2.24	20.6/86	0.96	2.28
沉抗	55	泥岩心墙土石坝	上游坝壳	硬砂岩	800	2.24	2.17	20.2/93	0.97	2.20
			下游坝壳	软砂岩	800	2.01	1.96	29.2/91	0.98	2.05
			上游反滤	硬砂岩	160	2.28	2.20	18.8/90	0.96	2.25
			下游反滤	硬砂岩	160	2.28	2.20	18.8/90	0.96	2.29
瓦都	50.5	黏土心墙	堆石	玄武岩	600	2.23	2.14	25.2/89	0.96	2.18
			反滤过渡	砂卵石	80	2.45	2.35	16.1/85	0.96	2.40

续表

工程	坝高/m	坝型	分区	用料	最大粒径 D_{max} /mm	室内最大干密度 ρ_{dmax} /(g/cm³)	设计控制			施工碾压平均干密度 ρ_d /(g/cm³)
							干密度 ρ_d /(g/cm³)	n/D_r /%	压实系数	
晃桥	68.3	黏土心墙坝	堆石	石英正长岩	600	2.18	2.10	23.1/91	0.96	2.16
			反滤过渡	挤压带料	200	2.27	2.20	24.1/90	0.97	2.28

注 施工碾压平均干密度为施工质检资料。

表 1 资料所列四个工程，大桥和沉抗是四川省水利水电勘测设计研究院设计，瓦都是凉山州水利水电勘测设计研究院设计，晃桥是四川省水利科学研究院设计，这些工程都是采用表面振动器法最大干密度值为依据确定的设计干密度（考虑压实度、相对密度及孔隙率控制的干密度），实践证明，以表面振动器法最大干密度值为依据确定的设计干密度完全具备控制施工填筑质量，施工振动碾压实干密度大于设计干密度，与室内最大干密度相近，说明表面振动器法测最大干密度对施工控制有较强的指导性。

3 可能获得的压实干密度

人们往往用常态混凝土干密度 2.40g/cm³ 来检验土石坝工程坝料碾压干密度的可信性，似乎压实体干密度超越混凝土密度是不可能的。实际上认真分析一下混凝土的材料组成即可解释这个问题。塑性混凝土干密度一般在 2.10g/cm³ 左右，低于常态混凝土，原因是塑性混凝土中掺了大量黏土（或膨润土）。而碾压混凝土干密度达到 2.40g/cm³ 以上已经在许多工程所证明（沙牌、江垭施工质检碾压混凝土密度都达到 2.45g/cm³，武都水库大坝室内碾压混凝土也达到 2.45g/cm³）。说明材料性质和级配是决定密度的关键。

堆石坝垫层料级配基本上与混凝土材料级配相近，其粒径小于 5mm 部分在 40% 左右，当组成垫层的材料粗粒小于 5mm 部分自身颗粒密度较大时，压实 ρ_d 即可达到 2.40g/cm³。司洪洋先生曾指出：垫层的填筑密度应当尽可能高些。较高的密度不只对较小的渗透性有利，对于实现从混凝土面板到堆石坝的刚性或变形过渡亦有利。而当垫层料的级配适当时，由于现时施工压实技术的进步，实现较高密度的填方是不难的。例如实践中，古洞口坝垫层的填筑密度达到了 2.20～2.39t/m³，平均为 2.30t/m³；萨尔瓦兴娜坝达到了 2.30t/m³；克罗蒂坝甚至达到了也许略显偏大的 2.45t/m³。事实上紫坪铺河床左岸砂卵石（比重 2.80）在天然级配（小于 5mm 为 15%～31.5%）下，平均最大干密度可达 2.36～2.41g/cm³，最小干密度为 1.92～1.95g/cm³。目前紫坪铺大坝次堆区砂卵石填筑碾压质检 16

个试坑干密度为 $2.30\sim2.397g/cm^3$，平均干密度达 $2.357g/cm^3$。大桥砂卵石过渡料施工碾压平均干密度为 $2.34g/cm^3$，瓦都砂卵石反滤过渡料施工碾压平均干密度为 $2.40g/cm^3$，说明施工中可以达到很高的干密度。

4 紫坪铺面板坝坝料填筑标准选择

紫坪铺面板坝筑坝料主要为尖尖山料场灰岩，通过爆破试验证明，可以直接爆破开采获得满足设计级配的堆石料及过渡料，垫层料可经爆破后的过渡料加工处理获得。

天生桥及水布垭与紫坪铺面板坝坝料均为灰岩，岩石比重均为 2.72，同时大坝施工方式为满足度汛及拦洪要求，都采用分期填筑及分期浇筑面板的方法。天生桥面板坝的实施，取得了 150m 以上高坝建设经验，分析天生桥面板坝存在的技术缺陷，寻找相应对策，是搞好面板坝设计的关键。天生桥面板坝产生大变形，造成面板与垫层面脱空等问题，除因分期施工中后期施工速度过快、填筑层高差过大以及次堆区用料质量较差等外，与设计控制填筑标准是否有关，表 2 列出三个面板坝设计控制标准作对比讨论。

根据四川土石坝建设的经验，考虑到紫坪铺工程所处特殊地理环境、地震及工程的重要性，以采用最大干密度乘压实系数 $0.97\sim0.98$ 控制的方式为主，并研究按孔隙率、相对密度的合理性及可实现性，综合分析确定坝料填筑标准。

由表 2 所列指标可知：

（1）以孔隙率控制标准而言，三个工程均在规范所列范围内，除水布垭堆石孔隙率最小外，（坝高 233m，采用此标准应该说是合理的），天生桥均在规范范围的偏大方，而紫坪铺选择的是范围偏小方。

（2）相对密度指标：紫坪铺 D_r 达到 $0.9\sim0.92$，水布垭 D_r 为 $0.84\sim0.94$，而天生桥 D_r 仅为 $0.77\sim0.85$，低于上述两工程，但仍满足规范 $0.75\sim0.85$ 的要求。

（3）压实度标准：紫坪铺压实度达到 $0.97\sim0.98$，依据四川省工程建设经验，施工中是可以达到的（见表 1）。郭诚谦曾建议坝高不小于 150m 时，压实度不小于 0.97。水布垭压实度为 $0.95\sim0.98$，对于坝高 233m 的水布垭而言，堆石控制标准是可行的，对垫层及过渡料尚有调整的可能。天生桥压实度仅为 $0.92\sim0.94$，显然设计干密度控制标准太低，这也是造成面板坝大变形的根本原因。

（4）依据上述对比分析，说明目前可能因现行规范相对密度试验方法所测最大干密度偏低，以致形成相对密度标准与压实度指标不大匹配，宜适当提高相对密度标准。规范所列各类坝料孔隙率控制范围基本上包容了坝料标准，天生桥的实践证明，高坝（大于 100m）坝料控制孔隙率应向低限选择，低于 100m 坝高可

表2　面板坝控制指标对比表

分区	工程	D_{max}/mm	<5mm 含量/%	<0.075mm 含量/%	最大干密度 ρ_{dmax}/(g/cm³)	压实度	设计干密度 ρ_d/(g/cm³)	孔隙率 n/%	相对密度 D_r	φ/(°)	$\Delta\varphi$/(°)	k	k_b	渗透系数 K_{20}/(cm/s)
垫层	规范	80~100	30~50	<8				15~20						不作统一规定
	天生桥	80	30~55	4~8		0.924*	2.2	19.4	0.77*	50.6	7	1050	476	$(2\sim9)\times10^{-3}$
	水布垭	80	30~45	4~7		0.945*	2.25	17.3	0.84*	56.0	10.5	1200	750	$\dfrac{2\times10^{-2}\sim2.8\times10^{-4}}{6.5\times10^{-3}}$
	紫坪铺	80~100	30~45	<8	2.38	0.966	2.30	15.4	0.9	57.51	10.6	1273	1259	
过渡料	规范	300	0~15					18~22						自由排水
	天生桥	300				0.935*	2.15	21	0.83*	52.5	8.0	970	440	$(2\sim9)\times10^{-1}$
	水布垭	300		<5		0.956*	2.2	19.1	0.89*	54.0	8.6	1000	450	6.1×10^{-1}
	紫坪铺	300	10~20	<5	2.3	0.978	2.25	18.2	0.9	57.63	11.44	1150	1084	
堆石	规范	压实层厚	<20		2.25			20~25						自由排水
	天生桥	800	<23	<5		0.933	2.1	23	0.78	54	13	940	340	
	水布垭	800		<5		0.977*	2.18	19.9	0.94*	52	8.5	1100	600	
	紫坪铺	800	5~15	<5	2.23	0.969	2.16	20.6	0.92	55.39	10.6	1080	964	$1\times10^{0}\sim1\times10^{-1}$

* 天生桥、水布垭、紫坪铺三工程均为灰岩（比重 2.72）坝料，天生桥、水布垭坝料压实系数及相对密度借用紫坪铺坝料室内最大干密度值计算所得，供对比参考。

考虑较大孔隙率标准。同时应研究高、中、低坝孔隙率及相对密度控制标准。面板坝设计规范条文说明中指出：由于近期面板坝高度和所用振动碾的静重和激振力不断加大，有必要也有可能将孔隙率的范围下调，使坝体更为密实而较小变形，更有利于混凝土面板和接缝止水设施的工作条件。因此，在设计中要规定尽可能大的压实干密度或尽量小的孔隙率。这一点在高坝设计中尤其重要。

（5）由于压实干密度与材料级配关系密切，各分区料小于 5mm 含量及最大粒径有显著区别，各分区料有不同的最大干密度，因此从现有资料看，对于无黏性粗粒土仍然可采用压实度标准，这样控制更为方便。

（6）紫坪铺面板坝各分区料目前采用的标准是合理的，达到了由垫层向过渡料、堆石的过渡，能起到面板到堆石坝的刚性或变形过渡。下一步坝料的填筑标准还可通过碾压试验予以验证，以确定相应的碾压施工参数。近期紫坪铺面板坝已开始填筑，前期堆石料碾压试验成果证实，只要堆石级配在设计给定的范围内，铺料厚度 90cm 时，洒水为 $10\% \sim 15\%$，26T 振动碾碾压 8 遍，干密度达到 $2.21 \sim 2.255 \mathrm{g/cm^3}$，在已回填堆石所测 23 个试坑平均干密度达到 $2.20 \mathrm{g/cm^3}$，这足以证实采用最大干密度乘压实系数 $0.97 \sim 0.98$ 控制的方式为主，并研究按孔隙率、相对密度的合理性及可实现性，综合分析确定坝料填筑标准的方法是可行的。

参考文献

［1］ 刘勇，陆恩施. 无粘聚性粗粒土最大干密度试验方法探讨［J］. 土石坝工程，1999（2）：39－47.
［2］ 司洪洋. 关于砂卵石混凝土面板堆石坝垫层渗流的思考［J］. 水电自动化与大坝监测，2000，24（2）：1－4，7.
［3］ 廖仁强，谭界雄，王萍. 水布垭混凝土面板堆石坝设计［J］. 人民长江，1998，29（8）：3.
［4］ 魏寿松. 高面板堆石坝生成拉应力和裂缝的结构性因素探讨［J］. 土石坝工程，2000（2）.
［5］ 郭诚谦. 确定混凝土面板堆石坝碾压堆石压实标准新方法［J］. 水利水电技术，1992（2）.

试论碾压堆石填筑标准 *

陆恩施

关键词：碾压；堆石坝料；填筑标准；压实度

1 概述

长期以来，在土石坝及面板堆石坝设计中，碾压堆石填筑标准，均根据坝的等级、高度、河谷形状、地震烈度及料场特性等因素，参考同类工程经验，采用各类分区坝料级配范围内孔隙率（或相对密度）作为填筑标准。作者在文献［1］、文献［2］中曾分别对采用最大干密度及压实度作为碾压堆石填筑标准的问题，进行了初步的讨论，本文将对采用孔隙率、相对密度（换算干密度）及压实度确定碾压堆石填筑标准的合理性作对比分析，阐述采用压实度作为堆石填筑标准的科学适用性。

2 紫坪铺和四川省部分已建工程坝料及硬岩堆石料压实指标

在以下填筑压实指标标准的讨论中，最大干密度值均为室内采用表面振动器法测得的成果，因而各项指标有可靠的对比性。表 1 列出了紫坪铺面板坝坝料压实指标，表 2 列出了四川省已建成的几个工程碾压堆石料压实指标。

表 1　　　　　　　　　　　　紫坪铺面板坝坝料压实指标对比

分区	用料	岩石干密度/(g/cm³)	饱和抗压强度/MPa	比重	压　实　指　标						
堆石	灰岩	2.70	>50	2.72	ρ_d/(g/cm³)	2.23△	2.20	2.16*	2.12	2.10	2.06	2.02
					n/%	18	19.1	20.6	22.1	22.8	24.3	25.7
					D_r	1	0.968	0.92	0.877	0.85	0.804	0.75
					P	1	0.987	0.969	0.95	0.94	0.924	0.90
过渡料	灰岩	2.70	>50	2.72	ρ_d/(g/cm³)	2.31△	2.28	2.25*	2.20	2.18	2.15	2.10
					n/%	15.1	16.2	17.3	19.1	19.9	21.0	22.8
					D_r	1	0.966	0.93	0.87	0.85	0.8	0.745
					P	1	0.987	0.974	0.957	0.944	0.935	0.91

---

* 　本文发表于《水利水电技术》2002 年第 11 期。

土石坝工程与筑坝材料研究

续表

分区	用料	岩石干密度/(g/cm³)	饱和抗压强度/MPa	比重	压实指标						
垫层	灰岩	2.70	>50	2.72	ρ_d/(g/cm³)	2.38△	2.33	2.30*	2.26	2.23	2.19	2.17
					n/%	12.5	14.3	15.4	16.9	8.0	19.5	20.2
					D_r	1	0.939	0.9	0.85	0.809	0.75	0.725
					P	1	0.98	0.966	0.95	0.937	0.92	0.912
堆石	河床砂卵石			2.80	ρ_d/(g/cm³)	2.41△	2.36	2.34*	2.30	2.28	2.25	2.21
					n/%	13.9	15.7	16.4	18.2	18.6	19.6	21.1
					D_r	1	0.943	0.919	0.87	0.846	0.807	0.754
					P	1	0.98	0.97	0.954	0.946	0.934	0.917

注 表中△为表面振动器法测最大干密度值；* 为坝料设计控制干密度。

表 2　　　　　　　　　　碾压堆石料压实指标对比

工程名称	坝型	分区	用料	岩石干密度/(g/cm³)	饱和抗压强度/MPa	比重	压实指标						
大桥水库	面板堆石坝	堆石	中酸性混染岩	2.6	>40	2.76	ρ_d/(g/cm³)	2.23△	2.18	2.16*	2.12	2.10	2.06	2.03
							n/%	19.2	21	21.7	23.2	23.9	25.4	26.4
							D_r	1	0.94	0.919	0.87	0.846	0.795	0.755
							P	1	0.98	0.969	0.951	0.942	0.924	0.91
		过渡料	砂卵石			2.77	ρ_d/(g/cm³)	2.35△	2.30	2.28*	2.26	2.23	2.2	2.16
							n/%	15.2	17.0	17.7	18.4	19.5	20.6	22.0
							D_r	1	0.92	0.886	0.852	0.80	0.748	0.675
							P	1	0.979	0.97	0.961	0.945	0.936	0.919
沉抗水库	泥岩心墙土石坝	堆石	砂岩	2.56	>50	2.72	ρ_d/(g/cm³)	2.24△	2.20	2.17*	2.13	2.09	2.05	2.0
							n/%	17.6	19.1	20.2	21.7	23.2	24.6	26.5
							D_r	1	0.962	0.933	0.89	0.851	0.808	0.751
							P	1	0.982	0.969	0.951	0.933	0.915	0.893
晃桥水库	黏土心墙堆石坝	堆石	石英正长岩		>50	2.73	ρ_d/(g/cm³)	2.18△	2.14	2.10*	2.07	2.05	2.01	1.98
							n/%	20.1	21.6	23.1	24.2	24.9	26.4	27.5
							D_r	1	0.955	0.908	0.872	0.847	0.796	0.757
							P	1	0.982	0.963	0.95	0.94	0.922	0.908

80

续表

工程名称	坝型	分区	用料	岩石干密度/(g/cm³)	饱和抗压强度/MPa	比重	压实指标							
瓦都水库	黏土心墙堆石坝	堆石	玄武岩	2.87	>80	2.88	ρ_d/(g/cm³)	2.23△	2.18	2.14*	2.12	2.10	2.07	2.03
							n/%	22.6	24.3	25.7	26.4	27.1	28.1	29.5
							D_r	1	0.941	0.893	0.868	0.843	0.804	0.75
							P	1	0.978	0.97	0.951	0.942	0.928	0.91
		过渡料	砂卵石			2.80	ρ_d/(g/cm³)	2.45△	2.40	2.38	2.35	2.33	2.30	2.26
							n/%	12.5	14.3	15.0	16.1	16.8	17.9	19.3
							D_r	1	0.926	0.85	0.85	0.818	0.769	0.703
							P	1	0.98	0.971	0.959	0.951	0.939	0.922

注　表中△为表面振动器法测最大干密度值；＊为坝料设计控制干密度。

由表 1、表 2 可以看出：

（1）碾压硬岩堆石料，相对密度 $D_r=0.75$ 时，孔隙率 $n=25.7\%\sim29.5\%$，相应压实度 P 仅为 $0.89\sim0.91$，孔隙率 n 已超过《混凝土面板堆石坝设计规范》（SL 228—98）的主堆石填筑标准。当 $D_r=0.85$ 时，$n=22.8\%\sim27\%$，相应 $P=0.93\sim0.94$，此时孔隙率 n 为《碾压式土石坝设计规范》（SDJ 218—84）如所规定的填筑标准。硬岩堆石料压实度为 0.95 时，相对密度 $D_r>0.86$，相应孔隙率 $n=21.7\%\sim26.4\%$，可满足土石坝堆石料填筑标准。

（2）紫坪铺灰岩坝料各分区级配范围最大粒径与最大干密度关系密切，符合垫层密度>过渡料密度>堆石密度的正常规律，同时，各分区坝料在相对密度 $D_r=0.75$ 时，各分区坝料孔隙率 n 均在面板坝设计规范标准的大值左右，压实度 $P<0.92$；当 $D_r=0.85$ 时，n 约为规范标准的中值，压实度为 $0.94\sim0.95$；当压实度 $P\geqslant0.98$ 时，各分区坝料 n 值均小于规范标准的小值，而 $D_r\geqslant0.94$。

（3）综上所列各类硬岩坝料填筑压实指标对比分析，目前设计规范所列孔隙率及相对密度标准不尽合理，特别是相对密度指标明显偏低，当 $D_r\leqslant0.8$ 时，压实度均小于 0.95。

（4）表 2 所列已建 4 个工程坝料设计干密度均采用最大干密度与压实度 $0.96\sim0.97$ 的乘积控制，对应相对密度 $D_r=0.89\sim0.92$，实际施工平均干密度均已超过设计干密度而与最大干密度相近，证明在目前施工机具水平下可以获得较高的压实干密度，压实度可达 0.98 以上。大桥水库及瓦都水库施工期坝体最大沉降量分别为坝高的 0.75% 及 0.58%，符合大坝正常变形范围。表 1 所列紫坪铺面板堆石坝坝料设计干密度均以最大干密度与压实度的乘积不小于 0.97 控制，相应

$D_r = 0.9 \sim 0.93$。从四川省部分工程施工实践证明，目前紫坪铺面板坝所确定的填筑标准是可行的。

（5）有关规范指出平均干密度应不小于用设计孔隙率（或相对密度）换算的干密度值，其标准差应不大于 0.1g/cm^3 的规定，以表 2 所列工程硬岩料资料检验，干密度差在 0.1g/cm^3 范围内其孔隙率及相对密度变化太大，而压实度为 $0.95 \sim 0.98$ 时，干密度差为 0.07g/cm^3，因而目前规范规定的标准差偏大。

3 软岩堆石料压实指标

表 3 列出了三个工程岩石干容重 $\rho_d < 2.30 \text{g/cm}^3$、饱和抗压强度 $R_w \leq 30 \text{MPa}$ 的软砂岩堆石料压实指标成果。由表 3 可以看出，各项压实指标关系与硬岩堆石相似，而软岩堆石特殊点表现如下：

（1）软岩堆石相对密度 $D_r = 0.85$ 时，相应孔隙率基本上已接近或大于按照《碾压式土石坝设计规范》（SDJ 218—84）所规定的填筑标准，说明以孔隙率标准作软岩堆石填筑标准已不适宜。

（2）由于岩石干密度较低，软岩堆石料最大干密度较低，因而常规设计中的堆石干密度则较小，但此时的相对密度并不低，当压实度为 0.95 时，干密度 $\rho_d = 1.98 \text{g/cm}^3$，而相对密度 $D_r \geq 0.88$。

表 3 　　　　　　　　　　　软岩堆石料压实指标对比

工程名称	坝型	分区	用料	岩石干密度/(g/cm³)	饱和抗压强度/MPa	比重	压 实 指 标							
赵子河水库	泥岩心墙土石坝	堆石	砂岩	2.24	26	2.70	ρ_d/(g/cm³)	2.08△	2.04	2.02*	2.0	1.98	1.96	1.91	1.88
							n/%	23	24.4	25.2	25.9	26.7	27.4	29.3	30.4
							D_r	1	0.954	0.93	0.906	0.88	0.856	0.79	0.749
							P	1	0.98	0.97	0.961	0.95	0.942	0.92	0.904
黑龙函水库	泥岩心墙土石坝	堆石	砂岩	2.27	25	2.69	ρ_d/(g/cm³)	2.08△	2.04	2.02*	2.0	1.98	1.91	1.87	1.82
							n/%	22.7	24.2	24.9	25.7	26.4	28.6	30.5	32.3
							D_r	1	0.966	0.948	0.93	0.912	0.855	0.80	0.752
							P	1	0.98	0.97	0.961	0.952	0.923	0.899	0.875
关门石水库	面板坝石坝	堆石	砂岩	2.24	30	2.69	ρ_d/(g/cm³)	2.08△	2.04	2.02*	2.0	1.98	1.96	1.92	1.88
							n/%	22.7	24.2	24.9	25.7	26.4	28.6	30.5	32.3
							D_r	1	0.954	0.93	0.906	0.88	0.856	0.80	0.749
							P	1	0.98	0.97	0.961	0.952	0.942	0.923	0.904

注　表中△为表面振动器法测最大干密度值；＊为坝料设计控制干密度。

4　砂卵石料压实指标

砂卵石料由于材质相对密度的差异，压实参数上与硬、软岩堆石一样，也有较大差异，主要表现如下：

（1）大比重的砂卵石料（见表 1、表 2）最大干密度大于 $2.30 \mathrm{g/cm^3}$，甚至可达到 $2.45 \mathrm{g/cm^3}$；而小比重的砂卵石料（见表 4），最大干密度小于 $2.30 \mathrm{g/cm^3}$，仅为 $2.23 \sim 2.25 \mathrm{g/cm^3}$。干密度差值 $0.03 \mathrm{g/cm^3}$，则影响砂卵石孔隙率 1%、相对密度 0.05、压实度 0.01 左右。

（2）当压实度 $P = 0.95$ 时，相应大比重砂卵石 $D_r > 0.8$，孔隙率 $n < 20\%$；而小比重砂卵石 $D_r < 0.75$，孔隙率 $n > 20\%$。

（3）当 $P = 0.98$ 时，大比重砂卵石 $D_r > 0.92$，$n < 17\%$；而小比重砂卵石 $D_r < 0.9$，$n > 17\%$。

从以上比较可以看出，采用相对密度（孔隙率）标准并不能适用于所有材质的砂卵石料。

表 4　　　　　　　　　　　　砂卵石（小比重）料压实指标对比

工程名称	坝型	分区	用料	比重	压 实 指 标						
白禅寺电航工程	面板堆石坝	堆石	砂卵石	2.68	$\rho_d/(\mathrm{g/cm^3})$	2.23△	2.20	2.17	2.16	2.14	2.12	2.10
					$n/\%$	16.8	17.9	19.0	19.4	20.1	20.9	21.6
					D_r	1	0.921	0.841	0.813	0.758	0.701	0.644
					P	1	0.987	0.973	0.969	0.96	0.951	0.942
唐家渡工程	面板堆石坝	堆石	砂卵石	2.69	$\rho_d/(\mathrm{g/cm^3})$	2.25△	2.21	2.20	2.18	2.16	2.14	2.12
					$n/\%$	16.4	17.8	18.2	19.0	19.7	20.4	21.2
					D_r	1	0.887	0.858	0.799	0.739	0.678	0.616
					P	1	0.982	0.978	0.969	0.96	0.951	0.942
过军渡工程	面板堆石坝	堆石	砂卵石	2.68	$\rho_d/(\mathrm{g/cm^3})$	2.24△	2.20	2.18	2.16	2.14	2.12	
					$n/\%$	16.4	17.9	18.7	19.4	20.1	20.9	
					D_r	1	0.895	0.841	0.786	0.73	0.672	
					P	1	0.982	0.973	0.964	0.955	0.946	

△　表面振动器法测最大干密度值。

5　堆石填筑标准

通过上述多种硬、软岩及砂卵石压实指标分析讨论，可以得出以下结论：

（1）自然界岩石种类繁多，岩石容重、相对密度及强度的差异都将影响碾压堆石指标，目前规范采用间接计算指标孔隙率（或相对密度）作为筑坝材料填筑标准，其实用性不强，更多地依赖于经验及工程类比。

（2）采用按表面振动器法测得最大干密度，以压实度确定填筑标准的方法，直接而明确可靠，适用于各类岩堆石及砂卵石碾压填筑标准，并与黏性土坝料填筑标准确定方法统一起来，便于掌握。

（3）建议碾压堆石压实度标准：坝高不大于 70m 及 3 级以下建筑物，$P \geqslant$ 0.95；坝高为 70～150m 及 3 级建筑物，$P \geqslant 0.96$；坝高大于 150m 及 3 级以上建筑物，$P \geqslant 0.97$；坝高大于 200m 及 2 级以上建筑物，$P \geqslant 0.98$。

参考文献

［1］ 刘勇，陆恩施. 无粘聚性粗粒土最大干密度试验方法探讨［J］. 土石坝工程，1999（2）：39－47.

［2］ 陆恩施. 紫坪铺面板堆石坝坝料填筑标准［J］. 土石坝工程，2001（3－4）.

面板堆石坝设计填筑标准的思考[*]

陆恩施　高希章　杨志宏

摘　要： 本文通过对面板堆石坝设计填筑标准及相关问题的讨论，分析了目前设计规范相关条款与面板坝建设发展水平的不相适应性，以紫坪铺面板坝设计与施工实践的实例，介绍采用表面振动器法测试最大干密度，以压实度确定坝料填筑标准的设计模式。

坝体填筑标准是面板堆石坝设计中极其重要的课题，无论是 SL 228—98 还是 DL/T 5016—99 的《混凝土面板堆石坝设计规范》，均对坝体材料填筑标准的确定规定了详细的条款，特别明确了坝体各分区坝料填筑标准的选用范围。我国 20 年来面板坝建设的发展与实践证实，不少工程的设计虽然符合设计规范规定的坝料填筑标准，而施工建成的面板堆石坝却现出了诸如坝体沉降、面板脱空、破坏等危及大坝安全运行的不良状况。这说明确定坝体材料合理的填筑标准是解决大坝安全的关键。现就填筑标准相关问题作以下分析讨论。

1　一般的设计模式

1.1　经验性方法确定填筑标准

《设计规范》明确规定，各区坝料填筑标准可根据经验初步确定，其值可在规范规定的范围内选用。设计应同时明确规定孔隙率（或相对密度）、坝料级配范围和碾压参数。设计干密度可用孔隙率和岩石密度换算。

在设计过程中，往往用工程类比的方法，在坝料填筑标准的选用上采用规范数值范围的中值，如：主堆石采用孔隙率 23%、相对密度采用 0.8 等，设计坝料干密度则选用孔隙率和岩石密度（替代坝料比重）换算，用作施工的控制标准。但在近年来的工程实践中，由于可作为坝体填筑料的岩性种类选择范围日渐拓宽、大坝高度日渐增高，施工速度日益加快，采用经验性的方法确定坝料填筑标准，致使坝体沉陷量趋大造成面板脱空、破裂、漏水的实例已不鲜见。

1.2　施工期通过碾压试验复核和修正填筑标准

通过施工初期的碾压试验对设计指标进行复核和修正而最终确定坝体堆石填

＊　本文发表于《混凝土面板堆石坝筑坝技术与研究》2005 年 12 月。该论文荣获四川省水力发电工程学会优秀论文三等奖。

筑标准的模式，在当前的面板坝建设实践中已成定式，本应在设计阶段就应当相对准确确定的填筑标准以及力学参数滞留到施工期，在实际实施中则很可能产生下述两种情况。

（1）碾压试验及施工期修正了原设计填筑标准。某工程砂砾石堆石坝，原设计主堆石以《土工试验规程》（SL 237—1999）规定的室内相对密度试验 $D_r=0.85$ 时换算的设计干密度 $\rho_d=2.25\mathrm{g/cm^3}$，次堆石以 $D_r=0.80$ 换算的设计干密度 $\rho_d=2.23\mathrm{g/cm^3}$ 控制。施工中进行了碾压试验，经综合分析整理绘制相对密度 D_r、干密度 ρ_d、砾石含量 P_5 三因素相关图，按碾压试验成果确定了严格的碾压参数及填筑标准。在三因素图上，主堆石砂砾石 P_5 含量80%对应相对密度 $D_r=0.85$ 时，干密度 $\rho_d=2.32\mathrm{g/cm^3}$，而原设计控制干密度 $2.25\mathrm{g/cm^3}$，在三因素图上相应 D_r 仅为 0.65。这说明按《土工试验规程》（SL 237—1999）规定的室内试验方法所确定的最大干密度偏低。通过碾压试验修正了原设计控制填筑标准。实际施工主堆石平均干密度 ρ_d 已达 $2.346\mathrm{g/cm^3}$，对应相对密度 $D_r=0.93$，次堆石施工平均干密度 $2.33\mathrm{g/cm^3}$，相应 $D_r=0.92$。坝体填筑质量优良，相应大坝竣工期坝体沉降变形率仅为 0.29%。

（2）碾压试验复核设计填筑标准。目前很多工程在施工初期所进行的碾压试验，往往是复核设计所确定的填筑标准能否在施工中得以实现。如若设计确定的填筑标准符合工程实际，亦可达到工程建设安全的目的。但若设计填筑标准本就不满足工程安全的要求，这时的碾压试验仅达到以原设计填筑标准控制施工的目的（某些中型工程甚至不作碾压试验而直接按设计填筑标准控制），这样则可能发生施工虽满足设计及规范要求的填筑标准，但仍产生坝体沉陷量过大而造成面板脱空、面板结构性裂缝、垫层冲蚀、大坝漏水的严重后果，在已建面板堆石坝中这种情况已不是个别现象。

2 紫坪铺面板堆石坝设计模式

紫坪铺水利枢纽工程位于岷江都江堰渠首工程上游6km，距成都市65km。紫坪铺工程面板堆石坝坝高 156m，水库总库容为 11.12 亿 $\mathrm{m^3}$，电站装机为760MW。

2.1 设计填筑标准确定的方法

鉴于工程特殊的地理位置及重要性，紫坪铺面板堆石坝在设计中以控制坝体变形、沉降为主导，依据各分区用料及级配，用等重量替代法处理超径（大于60mm粗粒径），采用室内表面振动器法测求最大干密度，按压实度 $P \geqslant 0.97$ 确定坝料填筑干密度标准，再以孔隙率及相对密度衡量干密度的合理性，控制各分区坝料孔隙率在规范规定范围的下限。

通过大量的室内试验，依据上述方法确定了紫坪铺各分区坝料设计填筑标准，主要坝料设计参数见表1。

表1　　　　　　　　　　　　主要坝料设计参数

	编号	Ⅱ	ⅡA	ⅢA	ⅢB		ⅢC		ⅢD
坝料分区	名称	垫层料	特殊垫层料	过渡料	主堆石		次堆石		下游堆石
	用料	尖尖山灰岩爆破料	尖尖山灰岩爆破料	尖尖山灰岩爆破料	尖尖山灰岩爆破料	河床砂卵石	河床砂卵石	尖尖山可利用强风化灰岩料	尖尖山灰岩爆破料
设计参数	最大粒径 ρ_{dmax}/mm	100	40	300	800	800	1000	1000	1000
	<5mm含量/%	30~45	49.0~66.7	10~20	5~15			5~15	5~15
	<0.075mm含量/%	<8	6.7~10.3	<5	<5	<5	<5	<5	<5
	干密度 ρ_d/(t/m³)	2.30	2.30	2.25	2.16	2.32	2.30	2.15	2.15
	孔隙率 n/%	15.4	15.4	17.3	20.6	17.4	18.1	21.0	21.0
	相对密度 D_r	0.90	0.91	0.93	0.92	0.925	0.919		

由表1列参数可知，紫坪铺面板堆石坝坝料采用室内表面振动器法测得的最大干密度，以压实度0.97控制的填筑干密度标准，换算出的孔隙率在规范规定范围的下限，而相对应的相对密度均大于规范规定范围的大值0.85，这一成果说明规范规定的填筑标准有较大的调整空间，紫坪铺工程面板坝所有坝料填筑标准均处于受控状态。

2.2　大坝施工填筑质量

大坝坝体填筑总量为1183万 m³，2003年3月1日开始坝体填筑，截至2005年5月底，垫层料、过渡层料及主堆石料填筑至高程880m，填筑高度152m。二期面板浇筑已完成，计划2005年12月工程全部建成。

大坝施工期，对各种坝料均进行了碾压试验，主要碾压机具为YZ26C自行式振动碾，在满足设计填筑标准的前提下，确定了施工参数。大坝填筑施工中按各部位要求对坝体填筑干密度、颗粒级配及渗透系数进行了现场检测，并采取大样进行了室内大型力学参数检测，供大坝安全复核。

通过现场大量检测资料统计，坝体各分区填筑料颗粒级配、渗透系数满足设计要求，填筑干密度合格率为100%，压实度均超过设计控制0.97的标准，达到0.98以上，坝体填筑干密度标准差小于0.05g/cm³。

对施工期坝体监测成果分析，截至 2005 年 3 月 18 日，大坝典型监测断面轴线高程 790m 测点最大沉降值为 70.6cm，为已填最大坝高的 0.53%，计算施工期压缩模量 E_v 为 133MPa，说明坝体压实均匀，压实度高，在同类坝型中，变形沉降率较小。为监测面板脱空，面板下埋设了 TS 型测缝计及垫层料接触土压力计，观测资料表明，面板与垫层间没有产生脱空。

大坝填筑施工完全是在常规程序下进行的，大坝检测资料说明，紫坪铺面板堆石坝设计填筑标准的确定是科学可行的。

3 相关问题的讨论

3.1 堆石料最大干密度

堆石料最大干密度是确定设计填筑标准的关键性指标，当前堆石料最大干密度的测定，主要依据《土工试验规程》（SL 237—1999）粗颗粒土相对密度试验，振动台法测定最大干密度，大量工程实践已经证明，室内采用振动台法测定的最大干密度值严重偏低，难以作为设计指导施工的依据。目前面板堆石坝设计填筑标准，或者更多地依赖于经验，或者与施工机具水平不相匹配，甚至产生工程病害，实质是目前《土工试验规程》（SL 237—1999）规定的方法与实际相差较大有关。

以表面振动器法测定堆石料最大干密度的方法，这个方法除在紫坪铺工程面板堆石坝设计中应用并在施工中得以检验获得成功外，四川省在其他建设项目上也广泛应用。表 2 列出了四川几座已建土石坝工程坝料设计控制干密度与施工碾压干密度比较资料。

表 2　四川几座已建土石坝工程坝料设计控制干密度与施工碾压干密度比较

工程	坝高/m	坝型	分区	用料	最大粒径 D_{max}/mm	室内最大干密度 ρ_{dmax}/(g/cm³)	设计控制			施工碾压	
							干密度 ρ_d/(g/cm³)	n/D_r/%	压实度	平均干密度 ρ_d/(g/cm³)	压实度
大桥	93	面板坝	堆石	中酸性混染岩	800	2.23	2.16	21.7/91	0.97	2.20	0.986
			过渡料	砂卵石	250	2.35	2.28	17.7/85	0.97	2.34	0.996
			垫层	洪积扇碎石土	100	2.33	2.24	20.6/86	0.96	2.28	0.978
沉抗	55	泥岩心墙土石坝	上游坝壳	硬砂岩	800	2.24	2.17	20.2/93	0.97	2.20	0.98
			下游坝壳	软砂岩	800	2.01	1.96	29.2/91	0.98	2.05	1.02
			上游反滤	硬砂岩	160	2.28	2.20	18.8/90	0.96	2.25	0.987
			下游反滤	硬砂岩	160	2.28	2.20	18.8/90	0.96	2.29	1.0

续表

工程	坝高/m	坝型	分区	用料	最大粒径 D_{max}/mm	室内最大干密度 ρ_{dmax}/(g/cm³)	设计控制			施工碾压	
							干密度 ρ_d/(g/cm³)	n/D_r/%	压实度	平均干密度 ρ_d/(g/cm³)	压实度
瓦都	50.5	黏土心墙堆石坝	堆石	玄武岩	600	2.23	2.14	25.2/89	0.96	2.18	0.978
			反滤过渡	砂卵石	80	2.45	2.35	16.1/85	0.96	2.40	0.98
晃桥	68.3	黏土心墙堆石坝	堆石	石英正长岩	600	2.18	2.10	23.1/91	0.96	2.16	0.99
			反滤过渡	挤压带料	200	2.27	2.20	24.1/90	0.97	2.28	1.0

注 施工碾压机具为 13.5t 振动碾或 16t 振动碾，振动碾压 6～8 遍。

以紫坪铺工程为代表的四川省已建几座土石坝工程建设实例，完全可以证明，采用室内表面振动器法测定堆石料最大干密度指标，可以作为设计的依据，所确定的填筑标准对施工控制有较强的指导性。同时也证明目前的施工机具（13.5t 振动碾及以上至 25t 级振动碾）完全能实现各种坝料控制标准的压实要求。

3.2 堆石孔隙率

设计规范规定，设计堆石干密度可用孔隙率和岩石密度换算，在干密度、孔隙率的换算中以岩石密度替代堆石比重。这项规定对于坚硬岩石自身密度与比重一致（或极其相近）尚属适宜，但对于岩石密度与比重相差较大的堆石料，对堆石孔隙率、干密度的计算影响较大，当坝料细料含量愈高（如垫层料），坝料比重更接近于岩石比重，则影响更大。如某工程白云岩堆石料，岩石比重 2.87，岩石密度 2.76，堆石料比重 2.81（大于 5mm 块体虹吸筒法比重与小于 5mm 颗粒比重瓶法比重加权平均值），堆石设计控制干密度 $\rho_d=2.25$g/m³（室内表面振动器法求测的最大干密度 2.32g/cm³×压实度 0.97），相应孔隙率 $n=19.9\%$（依据堆石比重计算）。而以岩石密度计算堆石孔隙率 $n=18.5\%$，孔隙率相差 1.4%。反之若选用堆石孔隙率 $n=19.9\%$，按岩石密度换算堆石设计干密度 $\rho_d=2.21$g/cm³，实际孔隙率 $n=21.4\%$，相应压实度 $P=0.95$，无疑以后者控制大坝施工则会增大坝体沉降变形量。此外，岩石自身结构疏松、密度低、孔隙率大的岩石对堆石干密度的影响则更为显著。因此，按设计规范以岩石密度替代堆石比重换算堆石设计干密度的方法不宜采用。

3.3 干密度标准差

设计规范规定堆石料填筑干密度标准差应不大于 0.1g/cm³。干密度标准差的大小反映了堆石填筑的均一性，标准差过大则填筑密度相差较大。据有关统计资料介绍，我国几座已建 100m 以上高面板坝，如珊溪等 4 座坝及紫坪铺面板坝已施工部分，坝料各分区的压实质量良好，标准差均在 $0.05g/cm^3$ 以下，远低于 $0.1g/cm^3$ 的设计规范的标准；而另有工程，虽然其坝料干密度标准差在 $0.1g/cm^3$ 左右，但其坝体却产生了较大的沉降变形。这些工程实例说明，在我国目前面板坝压实质量控制、施工技术水平和施工机具设备方面已取得巨大进步的条件下，规范确定的干密度标准差应予调整。

4　结语

通过对堆石坝设计填筑标准及相关问题的讨论，得出以下结论：

（1）针对我国面板堆石坝建设发展现状，总结面板坝设计施工经验，及时研究和修改设计规范相关条款，以满足面板坝建设高度日渐上升的发展需要。

（2）加强坝料科学试验研究工作，特别是与坝料填筑标准密切相关的试验规程，更应为满足土石坝建设的发展需要而改进目前的研究方法。采用表面振动器法测定无凝聚性粗颗粒土最大干密度的方法，在许多土石坝工程建设设计和施工中成功地运用，是值得推荐列入试验规程的方法之一。

（3）实践证明，紫坪铺面板堆石坝填筑标准设计模式，可作为同类型工程设计借鉴参考。

从乌鲁瓦提面板坝设计与施工实践看坝料填筑标准

陆恩施

摘　要： 根据乌鲁瓦提面板砂砾石坝坝料填筑设计控制标准与施工实践资料，讨论设计计算与实测坝体沉降变形差异的原因；并论述目前堆石填筑标准采用相对密度指标偏低，建议采用压实度标准，并论证其合理性。

关键词： 乌鲁瓦提工程面板砂砾石坝；坝料填筑控制标准；压实度

乌鲁瓦提工程，是水利部水利科技重点项目高混凝土面板砂砾石坝关键技术研究的依托工程之一，围绕工程设计与施工开展了深入系统的研究，内容包括砂砾石坝料工程性质、面板砂砾石坝工程性质、面板砂砾石坝工程施工、原型观测等，取得了多项重要技术成果，为高混凝土面板砂砾石坝建设提供了宝贵的经验。依据乌鲁瓦提面板坝设计与施工的实际成果，对坝料填筑标准作一分析讨论，抛砖引玉，以期探讨坝料设计中确定合理的填筑标准。

1　大坝剖面及坝料分区填筑标准

大坝设计剖面及坝料分区如图 1 所示。

大坝垫层（ⅡA）、过渡层（ⅡB）、主堆石（ⅢA）及次堆石（ⅢB）全部采用（或加工采用）河床砂砾石料，（ⅡA）、（ⅡB）、（ⅢA）按相对密度 $D_r=0.85$ 控制，相应干密度 $\rho_d=2.25\mathrm{g/cm^3}$；次堆石（ⅢB）按相对密度 $D_r=0.80$ 控制，相应干密度 $\rho_d=2.23\mathrm{g/cm^3}$；次堆石（ⅢC）采用工程爆破开挖石渣料，该料岩性主要为云母钙质片岩、云母石英片岩、绿泥石石英片岩，岩石饱和抗压强度在 $25.4\sim49.92\mathrm{MPa}$，为中软岩—硬岩，按孔隙率 $n=18\%$ 控制，相应干密度 $\rho_d=2.25\mathrm{g/cm^3}$。

2　坝体沉降变形的比较

各区坝料按上述设计控制标准经试验在设计阶段采用的计算参数见表 1。

坝体采用有限元分析变形计算成果见表 2。坝体变形观测成果见表 3。

由表 2、表 3 可知，坝体沉降量的监测成果与有限元分析计算结果相差较大，实测坝体变形远小于有限元计算值。研究单位认为，选择的坝料计算参数偏低，在邓肯-张 E-B 模型中，体积变形模量系数 K_b 与指数 m 对坝体的变形量影响较大，对 K_b 值做了较大的提高，对其他参数作适当调整，见表 1 括号内数据。采用修正后的坝料计算参数，进行有限元分析，得出的坝体沉降量见表 2 括号内数据。

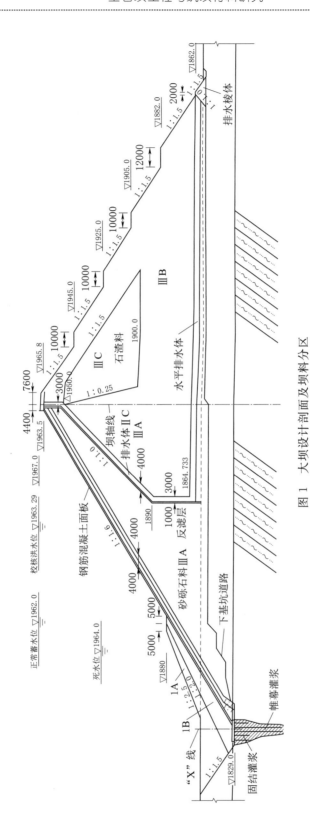

图 1 大坝设计剖面及坝料分区

表 1　　　　　　　　　　　　　坝体设计阶段计算参数

坝料	K	K_m	n	R_t	K_b	m	$\varphi_0/(°)$	$\Delta\varphi/(°)$
垫层过渡料	1100	1350	0.40	0.80	550	0.35	49.0	8.0
		(1320)	(0.30)	(0.75)	(1650)	(0.40)		
主堆石	850	1050	0.35	0.80	400	0.40	43.0	3.0
	(900)	(1080)		(0.75)	(1350)	(0.44)		
次堆石（砂砾）	600	720	0.32	0.80	300	0.42	41.0	3.0
	(700)	(840)	(0.36)	(0.75)	(700)	(0.48)		
次堆石（石渣）	400	500	0.30	0.70	200	0.45	46.0	9.0
		(480)	(0.40)		(400)	(0.50)		
坝基砂砾石	1100	350	0.40	0.70	550	0.35	45.0	3.0
	(1000)	(1200)	(0.34)		(1500)	(0.40)		

注　各种坝料的干密度 ρ_d 均取 2.25g/cm^3；表列数据中（　）内为修正后参数。

表 2　　　　　　　　　　　　　坝体有限元计算成果

工　况		施工期	竣工期	运行期
坝体沉降最大值 /cm	上游坝体	53.7	72.0	75.0
			(35.5)	(36.6)
	下游坝体	72.1	108.0	109.0
			(58.8)	(59.4)

注　（　）内数据为坝料修正参数后计算成果。

表 3　　　　　　　　　　　　　坝体变形观测成果

工　况	施工期（1945.0m 高程）/mm	竣工期（1964.5m 高程）/mm
上游坝体	284	343（355）
下游坝体	366	384（585）

注　（　）内数据为坝料修正参数后计算成果。

从表 3 可见，修正后的计算成果中，上游坝体沉降量与实测值相近，而下游坝体沉降量大于实测值。原因是次堆石（ⅢB）及砂砾石（ⅢC）区石渣料模型参数仍与坝体填筑实际不符。

3　坝体填筑状况

工程施工中对各种坝料都作了碾压试验，确定了相对比较严格的碾压参数，经综合分析整理绘制相对密度 D_r、干密度 ρ_d、砾石含量 P_5 三因素相关图，用以控制施工碾压质量。坝体实际填筑时，进行了大量的检测工作，获得了翔实可靠的资料，坝料填筑设计指标与施工检测成果见表 4。

表 4 坝料填筑设计指标与施工检测成果

项　目		过渡料	堆　石		石渣料
		ⅡB	ⅢA	ⅢB	ⅢC
检测	样本数 n	185	416	457	17
干密度/(g/cm³)	设计	2.25	2.25	2.23	2.25
	施工平均数	2.35	2.346	2.33	2.281
	最小值	2.28	2.288	2.28	2.25
相对密度	设计	0.85	0.85	0.80	$n=18\%$
	施工平均数	0.939	0.93	0.92	$n=16.8\%$
	合格率	100	100	100	100

由表 4 可看出，砂砾石料实际施工干密度及相对密度均远大于设计指标，施工平均相对密度 $D_r \geqslant 0.92$（按 D_r、ρ_d、P_5 三因素相关图得出）。同时还要指出的是，主堆石设计控制 $\rho_d = 2.25\text{g/cm}^3$，按施工数百组挖坑取样试验，砾石含量平均值为 80.5%，ⅢA 区冬季施工 167 组砾石含量平均值为 80.34%，说明堆石填筑砾石含量 P_5 平均值为 80%。在三因素相关图上，最大干密度 $\rho_{dmax} = 2.37\text{g/cm}^3$，相对密度 $D_r = 0.85$ 时干密度 $\rho_d = 2.32\text{g/cm}^3$。施工中干密度最大值 $\rho_d = 2.39\text{g/cm}^3$，说明初期设计控制指标干密度 $\rho_d = 2.25\text{g/cm}^3$ 偏低。由此反映出，按设计控制标准确定的模型参数进行有限元分析，所得坝体沉降变形量必然偏大。主堆石砂砾石料修正后的数据则与实际相符，因此上游坝体沉降变形计算与观测结果相近。再者设计确定ⅢC（石渣料）按 $n=18\%$ 控制，已达过渡层填筑标准下限值，实际施工达到更低的孔隙率，密实程度可想而知，其模型参数无论是设计开始选用还是修正后的数据与实际比较均偏低，这是有限元分析所得下游坝体沉降变形量偏大的原因之一。因此，若施工中砂砾石料真仅以设计标准控制，坝体沉降变形必然增大，这样就有必要讨论坝料填筑标准的合理性。

4　坝料填筑标准的讨论

堆石坝料填筑标准在规范中是以相对密度（或孔隙率）控制的。对于 100m 以上的高坝而言，从乌鲁瓦提的实际资料看，主堆石设计控制 $\rho_d = 2.25\text{g/cm}^3$，在三因素相关图上相对密度 $D_r < 0.7$（经计算相对密度 $D_r = 0.65$），说明设计阶段按室内土工试验规程试验方法确定的相对密度按 0.75~0.85 控制显然偏低，把碾压试验或施工填筑中检测干密度的最大值作为最大干密度，分析乌鲁瓦提堆石压实指标，见表 5。

表5　　　　　　　　　　　　　乌鲁瓦提堆石压实指标

项　目		堆　石		
		ⅢA（砂砾石）	ⅢB（砂砾石）	ⅢC（石渣料）
设计	干密度/(g/cm³)	2.25	2.23	2.25
	压实度	0.941	0.933	0.971
施工	最大干密度/(g/cm³)	2.39	2.39	2.317
	平均干密度/(g/cm³)	2.346	2.33	2.281
	压实度	0.982	0.975	0.984

由表5可以看出，砂砾石料设计干密度及压实度偏低，实际施工压实度已达到0.975～0.982，石渣料设计干密度及压实度比较合理，实际施工压实度达到0.984，表明乌鲁瓦提坝体碾压密实而均匀，反映出坝体实际变形相对均一。根据相关资料，表6列出以灰岩为坝体填筑材料的三个工程的主要计算参数。由表6可以看出，三个工程各区坝料干密度、孔隙率、相对密度不等时，变形模量K相差不大，而体积模量K_b则相差较大。体积模量K_b随干密度及相对密度增大（孔隙率的减小）而增加，当相对密度在0.9及以上时（紫坪铺），变形模量K与体积模量K_b相近。

表6　　　　　　　　灰岩为坝体填筑材料的三个工程的主要计算参数

坝料	工程	干密度/(g/cm³)	孔隙率/%	相对密度	φ_0/(°)	$\Delta\varphi$/(°)	K	K_b
垫层	水布垭	2.20	18.8		56.0	10.5	1200	750
	天生桥	2.20	19.0		50.6	7.0	1050	476
	紫坪铺	2.30	15.4	0.90	57.5	10.65	1273	1259
过渡料	水布垭	2.18	19.6		54.0	8.6	1000	450
	天生桥	2.15	21.0		52.5	8.0	970	440
	紫坪铺	2.25	17.3	0.93	57.6	11.44	1152	1084
主堆石	水布垭	2.15	20.7		52.0	8.5	1100	600
	天生桥	2.10	23.0	0.78	54.	13.0	940	340
	紫坪铺	2.16	20.6	0.92	55.39	10.6	1089	964

据相关资料介绍，由有限元分析所得，天生桥坝体沉降占坝高的百分比为0.82%，实际因次堆石区坝料质量、施工速度、填筑标准等诸多因素影响，坝体变形量达322cm，为坝高的1.8%，产生面板与垫层脱空及结构性裂缝等问题，证明原坝料填筑标准偏低。

水布垭计算坝体沉降占坝高的百分比为0.78%，设计根据大量室内外试验及应力应变分析成果，考虑其具体条件，在材料分区设计中，提高了主堆石坝料填筑干密度，进一步减小了分区坝料孔隙率，因而计算坝体沉降占坝高的百分比必将进一步降低。

紫坪铺面板坝设计阶段，根据四川土石坝建设经验，室内采用表面振动器法测最大干密度，坝料填筑标准以压实度控制，采用压实度不小于 0.97，与此对应，相对密度不小于 0.90。以此控制三轴试验确定模型参数，有限元分析计算坝体沉降变形量，二维为 51.6cm，三维为 49.2cm，占坝高的百分比分别为 0.331%及 0.315%。

乌鲁瓦提坝体实际坝体沉降占坝高的百分比为 0.29%，这与其实际压实度已达 0.975~0.984、相对密度已达 0.92~0.939 相吻合。

通过上述工程资料的分析比较，紫坪铺面板坝坝料设计填筑标准与乌鲁瓦提坝体实际压实水平相当，计算与实际坝体沉降占坝高的百分比相近，说明坝高大于 100m 的二级及以上面板堆石坝采用相对密度不小于 0.90、压实度不小于 0.97 是合适的。

5　结论与建议

（1）乌鲁瓦提混凝土面板砂砾石坝建设中大量关键技术的研究成果，提高了我国高混凝土面板砂砾石坝建设发展水平，乌鲁瓦提混凝土面板砂砾石坝施工检测及原型观测成果表明，大坝填筑质量优良。

（2）在现代施工机具及技术水平条件下，按相对密度 0.75~0.85 控制砂砾石填筑，压实标准明显偏低，对于高坝为减少坝体沉降变形，采用相对密度不小于 0.90 是必要的，也是可以实现的。

（3）乌鲁瓦提混凝土面板砂砾石坝的实践证明，压实度标准适用于各种坝料的控制，便于操作掌握，作为堆石坝坝料设计填筑标准，建议采用压实度标准。

参考文献

[1] 南京水利科学研究院，乌鲁瓦提建设管理局，黑泉水库建设局. 高混凝土面板砂砾石坝关键技术研究 [Z]. 南京：南京水利科学研究院，2002.

[2] 廖仁强，谭界雄，王萍. 水布垭混凝土面板堆石坝设计 [J]. 人民长江，1998，29（8）：3.

[3] 魏寿松. 高面板堆石坝面板生成拉应力和裂缝的结构性因素探讨 [J]. 土石坝工程，2000（2）.

[4] 高莲士，宋文晶，张宗亮，等. 天生桥面板堆石坝变形性状及三维反馈分析 [C]//土石坝与岩土力学——技术研讨会论文集. 北京：中国水利学会岩土力学专业委员会，2001.

[5] 陆恩施. 紫坪铺面板堆石坝坝料填筑标准 [J]. 土石坝工程，2001（3-4）.

紫坪铺面板堆石坝设计与施工实践

高希章　陆恩施　杨志宏

摘　要：紫坪铺面板堆石坝在设计中以控制坝体变形、沉降为主导，要求坝体各分区用料有良好的级配和水力过渡，满足各分区用料模量的刚性过渡，选择模量与主堆石相同量级材料用于次堆石区，以协调坝体变形。在设计中采用表面振动器法测试最大干密度，以压实度确定坝料填筑标准的方法，通过坝体施工检测得以实现。监测资料表明，目前的施工成果已经证明，大坝填筑质量优良，达到了坝体沉降率小、避免面板脱空、保证面板坝安全的设计目的。

关键词：紫坪铺；混凝土面板堆石坝；设计；施工

1　工程概况

紫坪铺水利枢纽工程位于岷江上游都江堰市麻溪乡，其下游 6km 则是闻名于世的都江堰渠首工程，距成都市 65km。工程区位于龙门山断裂构造带南段，北川—映秀与灌县—安县断裂之间，属构造相对稳定区，地震基本烈度为 Ⅶ 度。

紫坪铺水利枢纽工程是以灌溉和供水为主，兼有发电、防洪、环境保护、旅游等综合效益的大型水利工程。枢纽主要建筑物包括混凝土面板堆石坝、溢洪道、引水发电系统、冲沙放空洞、1 号及 2 号泄洪排沙洞。水库校核洪水位为 883.10m，正常蓄水位为 877.00m，死水位为 817.00m，水库总库容为 11.12 亿 m^3，正常水位库容为 9.98 亿 m^3。混凝土面板堆石坝坝高 156m，坝顶高程 884.00m，电站装机 4×190MW。该工程为一等，主要建筑物 Ⅰ 级。大坝按 Ⅷ 度地震设计，其余建筑物为 Ⅶ 度。

大坝坝体填筑总量为 1183 万 m^3，工程于 2002 年 9 月 25 日开始坝基开挖，2003 年 3 月 1 日开始坝体填筑，2003 年 12 月 28 日完成大坝一期临时断面，2004 年 5 月 27 日一期混凝土面板浇筑完成，截至 2004 年 8 月 10 日，填筑垫层料过渡层料主堆石料至 850.00m 高程（下游堆石 820.00m 高程）二期断面，填筑量已完成 857 万 m^3，近期将进行二期面板浇筑。工程计划于 2005 年 4 月第一台机组发电，2005 年 12 月工程全部建成。

2 面板坝设计

2.1 面板坝坝体结构设计

2.1.1 大坝剖面

面板堆石坝剖面设计考虑了工程的重要性、坝料特性及抗震要求，坝顶高程 884.00m，趾板地基高程 728.00m，最大坝高 156.00m。坝顶长约 635m，宽 12.00m，坝顶设 L 形防浪墙，墙顶高程 885.40m，墙高 6m。坝体上游坡坡度为 1∶1.4，下游坡分别在高程 840.00m 及 796.00m 设置宽 5m 的马道，840.00m 高程以上坝坡坡度为 1∶1.5，840.00m 高程以下的坝坡坡度为 1∶1.4。坝轴线上游 100m 至趾板及下游坝壳堆石ⅢD 区坝基覆盖层砂卵石全部挖出，其余部分覆盖层砂卵石保留，如图 1 所示。

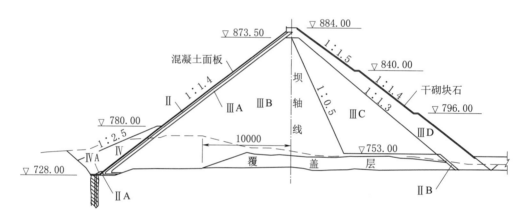

图 1 大坝剖面图

Ⅱ—垫层区；ⅡA—特殊垫层区；ⅡB—反滤料；ⅢA—过渡区；ⅢB—主堆石区；
ⅢC—次堆石区；ⅢD—下游堆石区；Ⅳ—盖重保护料；ⅣA—辅助防渗料

2.1.2 坝体分区设计

堆石坝坝体分区设计以控制坝体的变形、沉降为主导，尽量避免面板开裂及接缝止水破坏，同时坝体各分区要有良好的级配过渡，满足透水要求。筑坝料主要为坝轴线上游 4.5～5.0km 岷江左岸尖尖山石炭系（C）灰岩料，岩石饱和抗压强度弱风化为 63.48MPa，新鲜为 76.42MPa；软化系数为 0.92～0.87，岩石干密度为 2.70g/cm³，岩石比重为 2.72～2.76。此外，部分坝基覆盖层砂卵石料、尖尖山料场可利用部分强风化灰岩料作为次堆石区用料。

依据上述设计思想及筑坝材料的实际情况，大坝主要的填筑分区如下：

Ⅱ区（垫层区）：垫层料位于面板下部，水平宽度为 3m，等宽布置，垫层底部周边缝处设ⅡA 特殊垫层区，其断面为梯形，最小厚度为 2m，顶宽为 2m，下游坡度为 1∶1。

ⅢA 区（过渡区）：为满足垫层与主堆石间水力与刚性过渡而设置，过渡区水平宽度为 5m，等宽布置。

ⅢB 区（主堆石区）：是承受水荷载的主要支撑体，位于过渡区至坝轴线下游 1∶0.5 坡度线以内部位。

ⅢC 区（次堆石区）：位于主堆石区下游，高程 759.00m 以上部位。

ⅢD 区（下游堆石区）：为保证大坝排水通畅和下游坡稳定而设，下游坝坡面采用 1m 厚干砌块石护坡。

2.1.3　面板与趾板

面板是大坝防渗主体，面板厚度应满足防渗和耐久性。面板厚度按 $T=0.3+0.0035H$ 确定，为 $0.3\sim0.83$m，最大板长 260m。面板配筋采用单层双向结构，置于面板截面中部，每向配筋率为 0.4% 左右，并在周边缝位置及邻近周边缝的垂直缝两侧布置抗挤压的构造钢筋。面板混凝土强度等级为 C^{25}，抗渗标号 W≥12，抗冻标号 F150。

趾板是面板与地基帷幕间的防渗连接结构，趾板厚度为 $0.6\sim1.0$m，宽度按约 1/12 水头采用 $6\sim12$m。表面设单层双向钢筋，每向配筋率为 0.4%，净保护层厚 $8\sim10$cm。趾板设 $\phi28$ 锚筋锚固，纵、横间距 1.5m，锚入基岩以下 4m。趾板混凝土强度等级为 C20。

2.2　坝料设计

2.2.1　坝料设计原则

根据四川省内外高面板坝施工实践及紫坪铺面板堆石坝坝体分期填筑和面板分期浇筑的特点，以及坝料实际，坝料设计中考虑以下原则：

（1）各分区坝料透水性从上游到下游增大并满足水力过渡要求。

（2）满足垫层、过渡层、主堆石料模量的刚性过渡，以协调坝体变形。

（3）选择模量与主堆石料相同量级的开挖河床覆盖层砂卵石及尖尖山强风化可利用料用于次堆石区。

2.2.2　坝料填筑标准的确定

针对坝高超过 150m 这类重要的超高坝，与同类量级面板堆石坝比较，选择较高的可实施填筑标准，以避免产生堆石体大变形造成的垫层与面板脱空及面板结构性破裂，以保证大坝安全。

在此原则下，依据各分区用料及级配，用等重量替代法（或先相似后替代）处理超径，采用表面振动器法测求最大干密度，考虑紫坪铺工程的等级及重要性，采用压实度不小于 0.97 确定填筑干密度标准，再以孔隙率及相对密度衡量干密度的合理性，控制孔隙率在规范要求的下限。

2.2.3 坝料设计参数

根据以上设计原则及填筑标准，通过大量室内试验及有限元分析，结合现场爆破试验成果，综合确定较为合理的坝体各主要分区坝料级配及填筑控制参数，见表1。

表 1　　　　　主 要 坝 料 设 计 参 数

	编号	Ⅱ	ⅡA	ⅢA	ⅢB		ⅢC		ⅢD
坝料分区	名称	垫层料	特殊垫层料	过渡料	主堆石		次堆石		下游堆石
	来源	尖尖山灰岩爆破料	尖尖山灰岩爆破料	尖尖山灰岩爆破料	尖尖山灰岩爆破料	河床砂卵石	河床砂卵石	尖尖山可利用灰岩	尖尖山灰岩爆破料
设计参数	最大粒径 ρ_{dmax}/mm	100	40	300	800	800	1000	1000	1000
	<5mm含量/%	30~45	49.0~66.7	10~20	5~15			5~15	5~15
	<0.075mm含量/%	<8	6.7~10.3	<5	<5	<5	<5	<5	<5
	干密度 ρ_d/(t/m³)	2.30	2.30	2.25	2.16	2.32	2.30	2.15	2.15
	孔隙率 n/%	15.4	15.4	17.3	20.6	17.4	18.1	21.8	21.0
	相对密度 D_r	0.90	0.91	0.93	0.92	0.925	0.919		
	渗透系数 k/(cm/s)	2.5×10^{-3}		5.3×10^{-1}	2.1				2.1

2.3 坝基保留覆盖层（砂卵石层）

河床部位以坝轴线上游100m至下游坝壳堆石ⅢD区坝基覆盖层砂卵石保留，坝体回填前要求对覆盖层予以检测，对保留覆盖层（砂卵石层）的要求是：天然干密度 ρ_d>2.30g/cm³；相对密度 D_r>0.8；压缩模量 $E_{S0.1\sim3.2}$≥100MPa。

3 大坝施工

3.1 坝体施工

大坝坝体填筑料源绝大部分取料于坝址上游4.5~5km处的尖尖山灰岩料场，坝料开采主要采用深孔梯段爆破，将较好的料用于加工混凝土骨料、垫层料、过渡层料和主堆石料，较差的料用于次堆石区。施工中除利用了部分坝基开挖的覆盖层砂卵石料外，还利用了位于坝址上游4.5~6.5km的查关村、龙溪口、猴子坡等砂卵石料及查关村、龙溪口灰岩爆破料。

3.1.1 坝体填筑施工参数

坝体填筑主要碾压机具为 YZ26C 自行式振动碾、BW75S－2 振动碾及 YZT－10 拖式振动碾。

根据坝体填筑各分区技术要求，进行坝料碾压试验确定施工参数见表 2。

表 2　　　　　　　　　　　　　坝体填筑碾压试验成果

分　区		代号	碾压设备	行车速度 /(km/h)	碾压遍数（遍）	加水量 /%	铺料层厚 /cm
垫层料	平面碾压	Ⅱ	YZ26C 自行式振动碾	2.4	6	10	45
	斜坡碾压		YZT－10 拖式振动碾	2.4	静碾 2 遍，上振下不振 6 遍	2	法向预留 8cm 沉降
特殊垫层料		ⅡA	BW75S－2 振动碾	0.8	8	5	30
过渡层料		ⅢA	YZ26C 自行式振动碾	2.4	6	10	45
主堆石料	灰岩料	ⅢB	YZ26C 自行式振动碾	2.4	8	15	90
	砂卵石		YZ26C 自行式振动碾	2.4	8	10	90
次堆石料	灰岩料	ⅢC	YZ26C 自行式振动碾	2.4	8	15	90
	砂卵石		YZ26C 自行式振动碾	2.4	6	10	90
下游堆石料		ⅢD	YZ26C 自行式振动碾	2.4	8	15	90

注　碾压设备单向开行一趟为一遍。

3.1.2 坝体填筑质量

大坝填筑施工中按各部位要求对坝体填筑干密度、颗粒级配及渗透系数进行了现场检测，并采取大样进行了室内大型力学参数检测，供大坝安全复核。现场各项检测统计成果见表 3～表 5。

表 3　　　　　　　　　　　　坝体填筑干密度检测成果统计

分　区		取样组数 /组	设计值 /(g/cm³)	检测平均值 /(g/cm³)	压实度	合格率 /%	标准差 /(g/cm³)
垫层料区		401	2.30	2.36	0.98～0.99	100	0.030
特殊垫层料区		9	2.30	2.359	0.98～0.99	100	0.015
过渡料区		166	2.25	2.29	0.98～0.99	100	0.028
主堆石料	灰岩料	491	2.16	2.25	0.99～1	100	0.029
	砂卵石料	44	2.32	2.36	0.98～0.99	100	0.021
次堆石料	灰岩料	78	2.15	2.21	0.98～0.99	100	0.026
	砂卵石料	93	2.30	2.37	0.98～0.99	100	0.031
下游堆石区		121	2.15	2.19	0.98	100	0.023

由表 3 统计成果可知，各分区坝料检测平均干密度均大于设计指标，压实度

均超过设计压实度 0.97 的标准，达到 0.98 以上，标准差均远小于 $0.1g/cm^3$，表明大坝填筑密度均匀。

表4　　　　　　　　　　　　坝体填筑料颗粒分析成果统计

分 区	取样组数/组	P＜5mm 含量			P＜0.075mm 含量		
		设计值/%	检测值/%		设计值/%	检测值/%	
			范围	平均值		范围	平均值
垫层区	43	30～45	29.8～39.8	35.39	5.1～6.8	4.5～6.7	6.01
特殊垫层区	3	49.1～66.7	48.4～57.1	52.4	6.7～10.3	6.9～10	8.87
过渡层区	27	10～20	10～21.2	14.27	＜5	0.5～4.9	2.63
主堆石、次堆石、下游堆石区（灰岩）	54	5～15	2.4～16.5	11.07	＜5	0.2～4.2	2.59

由表4成果可知，各分区用料满足设计要求，检测平均值均基本控制在设计范围值的中值，表明坚硬岩渣料级配在满足设计标准的条件下，保证坝体碾压干密度质量得以实现。

表5　　　　　　　　　　　　坝体填筑料现场渗透系数检测统计

分 区	试验组数/组	设计值/(cm/s)	检测值/(cm/s)	
			最大值	最小值
垫层区	22	$9×10^3～5×10^{-4}$	$6.7×10^{-3}$	$1.89×10^{-3}$
特殊垫层区	1	$9×10^3～6×10^{-4}$	$2.48×10^{-3}$	$2.48×10^{-3}$
过渡层区	23	$＞1×10^{-2}$	$7.1×10^{-1}$	$2.4×10^{-1}$
主堆石区（灰岩料）	40	$＞1×10^{-1}$	3.7	1.1
主、次堆石区（砂卵石）	14	$＞1×10^{-3}$	$2.5×10^{-2}$	$2.2×10^{-2}$
下游堆石区	6	$＞1×10^{-1}$	3.8	1.2

由表5可知，坝体各分区填筑料渗透系数满足设计要求，符合坝料渗透系数随小于5mm颗粒含量增加而减小的规律，满足坝料分区水力过渡要求。

通过坝体填筑料现场压实检测成果统计分析，大坝已施工 850.0m 高程以下坝体，上坝料级配控制较好，坝体压实均匀，质量优良。

3.2　趾板与一期面板

趾板混凝土从 2003 年 5 月 13 日开始浇筑至 2004 年 7 月 24 日完成（河床段2003 年 6 月 30 日结束），趾板混凝土配合比见表6。

混凝土用砂为人工砂，随人工砂细度模数变动增大或减小，砂率略有增大或减小，粗骨料人工碎石亦随之略有减少或增多。

表6 趾板混凝土配合比

编号	砂细度模数	状态	水胶比	坍落度/mm	砂率/%	每方混凝土材料用量/(kg/m³)								
						水泥	关口Ⅱ级粉煤灰 15%	VF-Ⅱ防裂剂 12%	砂	碎石/mm		BMR高效减水剂 0.75%	BLY引气剂 1%	水
										5~20	20~40			
S₁₀	2.8	常态	0.44	50~70	39	237	49	39	719	467	701	2.452	3.27	144
S₁₄		泵送		140~160	42	279	57	46	728	417	626	2.865	3.82	168

由于混凝土温度应力等原因，趾板上先后发现表层裂缝 283 条，缝深 50～289mm，裂缝宽度不小于 0.2mm 有 55 条，缝宽小于 0.2mm 有 228 条。

一期面板底高程 728m，顶高程为 796m，最大斜长 114.4m，于 2004 年 3 月 25 日开始浇筑，至 2004 年 5 月 27 日完成。一期面板混凝土配合比见表7。

表7 一期面板混凝土配合比

水胶比	砂率/%	混凝土材料用量/(kg/m³)								
		水	峨眉中热水泥 42.5	砂	小石	中石	关口Ⅱ级粉煤灰 20%	浙江 ZB-1 减水剂 0.8%	浙江 ZB-1G 引气剂 0.6/万	聚丙烯纤维
0.44	38	151	275	738	602	602	69	2.75	0.021	0.7

在一期面板共 26 个分块中，仅在 5 个分块面板中检查出裂缝 24 条，其中不小于 0.2mm 裂缝 5 条，缝长不大于 1.5m、小于 0.2mm 裂缝 19 条，大部分裂缝出现在滑模抬动处，均属表层裂缝，没有产生和发现结构性裂缝。

对趾板及面板裂缝宽度不小于 0.2mm 的裂缝，将缝面凿成宽深为 2cm 的 U 形槽，用环氧砂浆封堵，再用 HW 和 LW 水溶性聚氨酯对缝作灌浆处理，表面粘贴 GB 三元乙丙复合橡胶板封闭，对缝宽小于 0.2mm 的裂缝，仅在表面作粘贴 GB 三元乙丙复合橡胶板防渗处理。

3.3 施工期坝体监测

3.3.1 坝体内部变形

目前主堆区填筑至高程 850m，次堆区填筑至高程 820m，截至 2004 年 8 月 25 日，根据大坝监测典型断面 DAM0+251.0 剖面，布置在坝体中部高程 790.0m 的垂直沉降观测点 V_{12}、V_{13}（上游侧）、V_{14}（大坝轴线）、V_{15}（下游侧）四个测点（测点间距 30.0m），沉降值（包括覆盖层砂卵石）分别为 385mm、405mm、444mm、308mm，计算施工期压缩模量 E_V 分别为 178MPa、202MPa、

166MPa、133MPa。

据坝体监测资料，施工期大坝 DAM0＋251.0 剖面 H8 测点及 DAM0＋371.0 剖面 H2 测点 790.0m 高程，在坝体自重压力作用下向上游临空面最大水平位移分别为 7mm、17mm，量级极小。

大坝施工期沉降变形主要与测点上部的垂直荷载成正比关系，坝轴线部位沉降量大于上、下游两侧测点沉降量，同时坝体横向变量微小，表明坝体变位均匀，不存在坝体内部变位突变，最大沉降值 44.4cm，为本阶段最大坝高的 0.36%，说明坝体压实度较高，在同类坝型中，变形沉降率较小。

3.3.2 一期混凝土面板脱空监测

混凝土面板与垫层料间的脱空问题，是我国同类型超高坝建设中发现的问题，也是紫坪铺面板坝设计和施工中力求想避免发生的课题，本工程采用了南京水利科学研究院生产的 TS 型测缝计进行面板脱空监测。

据埋设于一期面板 27 号板及 21 号板 780.00m、788.00m、794.00m 高程 6 组两向脱空监测资料，随着坝体填筑增高，面板与垫层料之间产生相对位移增大，2004 年 8 月 10 日主堆石填筑到 850.00m 高程后，相对位移渐趋稳定，2004 年 8 月 26 日测得 27 号板 B 向最大拉伸 23.5mm，A 向压缩 0.9mm；第 21 号板 B 向最大拉伸 5.6mm，A 向压缩 8.8mm。面板脱空监测的相对变形时段与大坝二期临时断面填筑时段相同，说明本次相对变形的性质是因坝体填筑加荷引起的，同组上、下两支仪器差异性较大，表明相对整体位移仍很小。同时埋设于 21 号板下高程 760m（P1）及高程 790m（P2）与垫层料接触土压力计监测数据表明，在本次相对变形期间，接触压力基本为零，之后接触压力恢复到 0.05～0.08MPa，有一定压力存在，面板与垫层属紧密接触，表明一期面板与垫层间没有产生脱空。

4 结语

通过紫坪铺工程面板堆石坝设计与施工实践证明，对于大坝需要分期施工填筑和面板分期浇筑的超高坝，下面观点值得关注：

（1）根据国内外已建混凝土面板堆石坝工程运行资料分析，以混凝土面板为防渗结构的面板堆石坝与其他类型的土石坝工程特性是不一致的，在超高面板堆石坝设计中，严格控制堆石体沉降变形是保证混凝土面板安全的重要条件。目前紫坪铺面板坝监测施工期坝体变形率为 0.36%，施工期堆石压缩模量大于 100MPa，因而控制大坝竣工期坝体沉降率小于 0.5%，可供混凝土面板堆石坝设计参考。

（2）紫坪铺面板堆石坝各分区坝料设计填筑干密度较高，设计孔隙率均控制在设计规范下限值，紫坪铺工程的实践已经证明，对坚硬岩堆石料，严格控制坝料级配，在当前施工机具水平下，达到这样的填筑标准是可以实现的。

（3）紫坪铺面板坝设计中，依据各分区用料及级配，室内采用等重量替代法（或先相似后替代）处理超径，表面振动器法测求最大干密度，取用压实度不小于 0.97 确定填筑设计干密度标准的方法，实践已证明是有效可行的。在堆石坝设计中采用压实度控制的方法更有利于坝料填筑标准的统一和施工控制。

经历"5·12"汶川大地震的紫坪铺面板堆石坝*

高希章　陆恩施　杨志宏　胡良文

摘　要：紫坪铺面板堆石坝在设计中以控制坝体变形、沉降为主导，要求坝体各分区用料有良好的级配和水力过渡，满足各分区用料模量的刚性过渡，选择模量与主堆石相同量级材料用于次堆石区，以协调坝体变形。在设计中采用表面振动器法测试最大干密度，以压实度确定坝料填筑标准的方法，通过坝体施工检测得以实现。监测资料表明，经历了 2008 年"5·12"汶川大地震的紫坪铺面板堆石坝，总体是稳定安全的，局部表层的震损易于修复处理，不危及大坝的安全。实践证明，紫坪铺面板堆石坝设计理念先进，施工填筑质量优良，达到了控制坝体沉降率小、抗御高烈度地震能力强、保证面板坝安全的设计目的。

关键词：紫坪铺；混凝土面板堆石坝；设计施工；地震

1　工程概况

紫坪铺水利枢纽工程位于岷江上游都江堰市麻溪乡，其下游 6km 则是闻名于世的都江堰渠首工程，距成都市 65km。区域构造处于北东向龙门山断裂构造带中南段，基本构造格架主要由平武—茂汶断裂、北川—映秀断裂、安县—灌县断裂彭灌复背斜和懒板凳—白石飞来峰构造组成。坝址区即位于北川—映秀断裂、安县—灌县断裂所挟持的断块上，国家地震局原确认坝址场地地震基本烈度为Ⅶ度，100 年超越频率 0.02 时的基岩水平峰值加速度为 0.26g。

紫坪铺水利枢纽工程是以灌溉和供水为主，兼有发电、防洪、环境保护、旅游等综合效益的大型水利工程。枢纽主要建筑物包括混凝土面板堆石坝、溢洪道、引水发电系统、冲沙放空洞、1 号及 2 号泄洪排沙洞。水库校核洪水位为 883.10m，正常蓄水位为 877.00m，死水位为 817.00m，水库总库容为 11.12 亿 m³，正常水位库容为 9.98 亿 m³。混凝土面板堆石坝坝高 156m，坝顶高程 884.00m，电站装机为 4×190MW。该工程为一等，主要建筑物Ⅰ级。大坝按Ⅷ度地震设计，其余建筑物为Ⅶ度。

大坝坝体填筑总量为 1183 万 m³，工程于 2002 年 9 月 25 日开始坝基开挖，2003 年 3 月 1 日开始坝体填筑，工程于 2005 年 4 月第一台机组发电，2005 年 12

---

*　该论文荣获四川省水力发电工程学会优秀论文一等奖。

月工程全部建成。

2008 年 5 月 12 日 14 时 28 分，四川汶川发生里氏 8 级地震，震后 7min 恢复向成都供水 90～100m³/s，5 月 17 日恢复发电。

2　面板坝设计

2.1　面板坝坝体结构设计

2.1.1　大坝剖面

面板堆石坝剖面设计考虑了工程的重要性、坝料特性及抗震要求，坝顶高程884.00m，趾板地基高程 728.00m，最大坝高 156.00m。坝顶长 634.77m，宽12.00m，坝顶设 L 形防浪墙，墙顶高程 885.40m，墙高 6m。坝体上游坡坡度为1∶1.4，下游坡分别在高程 840.00m 及 796.00m 设置宽 5m 的马道，840.00m 高程以上坝坡坡度为 1∶1.5，840.00m 高程以下的坝坡坡度为 1∶1.4。坝轴线上游100m 至趾板及下游坝壳堆石ⅢD 区坝基覆盖层砂卵石全部挖出，其余部分覆盖层砂卵石保留，如图 1 所示。

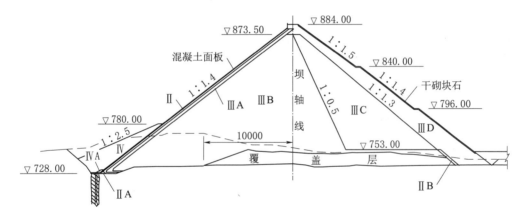

图 1　大坝剖面图

Ⅱ—垫层区；ⅡA—特殊垫层区；ⅡB—反滤料；ⅢA—过渡区；ⅢB—主堆石区；
ⅢC—次堆石区；ⅢD—下游堆石区；Ⅳ—盖重保护料；ⅣA—辅助防渗料

2.1.2　坝体分区设计

堆石坝坝体分区设计以控制坝体的变形、沉降为主导，尽量避免面板开裂及接缝止水破坏，同时坝体各分区要有良好的级配过渡，满足透水要求。筑坝料主要为坝轴线上游 4.5～5km 岷江左岸尖尖山石炭系（C）灰岩料，岩石饱和抗压强度弱风化为 63.48MPa，新鲜为 76.42MPa；软化系数为 0.92～0.87，岩石干密度为 2.70g/cm³，岩石比重为 2.72～2.76。此外，部分坝基覆盖层砂卵石料、尖尖山料场可利用部分强风化灰岩料作为次堆石区用料。

依据上述设计思想及筑坝材料的实际情况，大坝主要的填筑分区如下：

Ⅱ区（垫层区）：垫层料位于面板下部，水平宽度为 3m，等宽布置，垫层底部周边缝处设ⅡA特殊垫层区，断面为梯形，最小厚度为 2m，顶宽为 2m，下游坡度为 1∶1。

ⅢA区（过渡区）：为满足垫层与主堆石间水力与刚性过渡而设置，过渡区水平宽度为 5m，等宽布置。

ⅢB区（主堆石区）：是承受水荷载的主要支撑体，位于过渡区至坝轴线下游 1∶0.5 坡度线以内部位。

ⅢC区（次堆石区）：位于主堆石区下游，高程 759.00m 以上部位。

ⅢD区（下游堆石区）：为保证大坝排水通畅和下游坡稳定而设，下游坝坡面采用 1m 厚干砌块石护坡。

2.1.3　面板与趾板

面板是大坝防渗主体，面板厚度应满足防渗和耐久性。面板厚度按 $T = 0.3 + 0.0035H$ 确定，为 $0.3 \sim 0.83m$，最大板长 260m。面板配筋采用单层双向结构，置于面板截面中部，每向配筋率为 0.4% 左右，并在周边缝位置及邻近周边缝的垂直缝两侧布置抗挤压的构造钢筋。面板混凝土强度等级为 C25，抗渗标号 W≥12，抗冻标号 F150。

趾板是面板与地基帷幕间的防渗连接结构，趾板厚度为 $0.6 \sim 1.0m$，宽度按约 1/12 水头采用 $6 \sim 12m$。表面设单层双向钢筋，每向配筋率为 0.35% 左右，净保护层厚 10cm。趾板设 $\phi 28$ 锚筋锚固，纵、横间距 1.5m，锚入基岩以下 4m。趾板混凝土强度等级为 C20，抗渗标号 W≥12，抗冻标号 F150。

2.2　坝料设计

2.2.1　坝料设计原则

根据四川省内外高面板坝施工实践及紫坪铺面板堆石坝坝体分期填筑和面板分期浇筑的特点，以及坝料实际，坝料设计中考虑以下原则：

（1）各分区坝料透水性从上游到下游增大并满足水力过渡要求；

（2）满足垫层、过渡层、主堆石料模量的刚性过渡，以协调坝体变形；

（3）选择模量与主堆石料相同量级的开挖河床覆盖层砂卵石及尖尖山强风化可利用料用于次堆石区。

2.2.2　坝料填筑标准的确定

针对坝高超过 150m 这类重要的超高坝，与同类量级面板堆石坝比较，选择较高的可实施填筑标准，以避免产生堆石体大变形造成的垫层与面板脱空及面板结构性破裂，以保证大坝安全。

在此原则下，依据各分区用料及级配，用等重量替代法（或先相似后替代）

处理超径，采用表面振动器法测求最大干密度，考虑紫坪铺工程的等级及重要性，采用压实度不小于 0.97 确定填筑干密度标准，再以孔隙率及相对密度衡量干密度的合理性，控制孔隙率在规范要求的下限。

2.2.3 坝料设计参数

根据以上设计原则及填筑标准，通过大量室内试验及有限元分析，结合现场爆破试验成果，综合确定较为合理的坝体各主要分区坝料级配及填筑控制参数，见表 1。

表 1　　　　　　　　　　　　主要坝料设计参数表

坝料分区	编号	Ⅱ	ⅡA	ⅢA	ⅢB		ⅢC		ⅢD
	名称	垫层料	特殊垫层料	过渡料	主堆石		次堆石		下游堆石
	来源	尖尖山灰岩爆破料	尖尖山灰岩爆破料	尖尖山灰岩爆破料	尖尖山灰岩爆破料	河床砂卵石	河床砂卵石	尖尖山可利用灰岩	尖尖山灰岩爆破料
设计参数	最大粒径 ρ_{dmax} /mm	100	40	300	800	800	1000	1000	1000
	<5mm 含量 /%	30~45	49.0~66.7	10~20	5~15			5~15	5~15
	<0.075mm 含量 /%	<8	6.7~10.3	<5	<5	<5	<5	<5	<5
	干密度 ρ_d /(t/m³)	2.30	2.30	2.25	2.16	2.32	2.30	2.15	2.15
	孔隙率 n/%	15.4	15.4	17.3	20.6	17.4	18.1	21.8	21.0
	相对密度 D_r	0.90	0.91	0.93	0.92	0.925	0.919		
	渗透系数 K /(cm/s)	2.5×10^{-3}		5.3×10^{-1}	2.1				2.1

2.3　坝基保留覆盖层（砂卵石层）

河床部位以坝轴线上游 100m 至下游坝壳堆石ⅢD 区坝基覆盖层砂卵石保留，坝体回填前要求对覆盖层予以检测，对保留覆盖层（砂卵石层）的要求是：天然干密度 $\rho_d > 2.30 g/cm^3$；相对密度 $D_r > 0.8$；压缩模量 $E_{S0.1\sim3.2} \geqslant 100MPa$。

3　大坝施工

3.1　坝体施工

大坝坝体填筑料源绝大部分取料于坝址上游 4.5~5km 处的尖尖山灰岩料场，坝料开采主要采用深孔梯段爆破，将较好的料用于加工混凝土骨料、垫层料、过渡层料和主堆石料，较差的料用于次堆石区。施工中除利用了部分坝基开挖的覆盖层砂卵石料外，还利用了位于坝址上游 4.5～6.5km 的查关村、龙溪口、猴子坡等砂卵石料及查关村、龙溪口灰岩爆破料。

3.1.1 坝体填筑施工参数

坝体填筑主要碾压机具为 YZ26C 自行式振动碾、BW75S－2 振动碾及 YZT－10 拖式振动碾。

根据坝体填筑各分区技术要求，进行坝料碾压试验确定施工参数见表 2。

表 2　　　　　　　　　　坝体填筑碾压试验成果表

分　区		代号	碾压设备	行车速度 /(km/h)	碾压遍数 /遍	加水量 /%	铺料层厚 /cm
垫层料	平面碾压	Ⅱ	YZ26C 自行式振动碾	2.4	6	10	45
	斜坡碾压		YZT－10 拖式振动碾	2.4	静碾 2 遍，上振下不振 6 遍	2	法向预留 8cm 沉降
特殊垫层料		ⅡA	BW75S－2 振动碾	0.8	8	5	30
过渡层料		ⅢA	YZ26C 自行式振动碾	2.4	6	10	45
主堆石料	灰岩料	ⅢB	YZ26C 自行式振动碾	2.4	8	15	90
	砂卵石		YZ26C 自行式振动碾	2.4	8	10	90
次堆石料	灰岩料	ⅢC	YZ26C 自行式振动碾	2.4	8	15	90
	砂卵石		YZ26C 自行式振动碾	2.4	6	10	90
下游堆石料		ⅢD	YZ26C 自行式振动碾	2.4	8	15	90

注　碾压设备单向开行一趟为一遍。

3.1.2 坝体填筑质量

大坝填筑施工中按各部位要求对坝体填筑干密度、颗粒级配及渗透系数进行了现场检测，并采取大样进行了室内大型力学参数检测，供大坝安全复核。现场各项检测统计成果见表 3～表 5。

表 3　　　　　　　坝体 850.00m 高程以下填筑干密度检测成果统计

分　区		取样组数 /组	设计值 /(g/cm³)	检测平均值 /(g/cm³)	压实度	合格率 /%	标准差 /(g/cm³)
垫层料区		401	2.30	2.36	0.98～0.99	100	0.030
特殊垫层料区		9	2.30	2.359	0.98～0.99	100	0.015
过渡料区		166	2.25	2.29	0.98～0.99	100	0.028
主堆石料	灰岩料	491	2.16	2.25	0.99～1	100	0.029
	砂卵石料	44	2.32	2.36	0.98～0.99	100	0.021
次堆石料	灰岩料	78	2.15	2.21	0.98～0.99	100	0.026
	砂卵石料	93	2.30	2.37	0.98～0.99	100	0.031

续表

分 区		取样组数/组	设计值/(g/cm³)	检测平均值/(g/cm³)	压实度	合格率/%	标准差/(g/cm³)
下游堆石区		121	2.15	2.19	0.98	100	0.023
垫层料区		24	2.30	2.34	0.98	100	
过渡料区		25	2.25	2.28	0.98	100	
主堆石料	灰岩料	11	2.16	2.20	0.99	100	
次堆石料	灰岩料	6	2.15	2.19	0.98	100	
下游堆石区		11	2.15	2.19	0.98	100	

由表 3 统计成果可知，各分区坝料检测平均干密度均大于设计指标，压实度均超过设计压实度 0.97 的标准，达到 0.98 以上，标准差均远小于 0.1g/cm³，表明大坝填筑密度均匀。

表 4　　　　　　　　坝体填筑料颗粒分析成果统计

分 区	取样组数/组	$P_{<5mm}$ 含量			$P_{<0.075mm}$ 含量		
		设计值/%	检测值/%		设计值/%	检测值/%	
			范围	平均值		范围	平均值
垫层区	43	30~45	29.8~39.8	35.39	5.1~6.8	4.5~6.7	6.01
特殊垫层区	3	49.1~66.7	48.4~57.1	52.4	6.7~10.3	6.9~10	8.87
过渡层区	27	10~20	10~21.2	14.27	<5	0.5~4.9	2.63
主堆石、次堆石、下游堆石区（灰岩）	54	5~15	2.4~16.5	11.07	<5	0.2~4.2	2.59

由表 4 成果可知，各分区用料满足设计要求，检测平均值均基本控制在设计范围值的中值，表明坚硬岩渣料级配在满足设计标准的条件下，保证坝体碾压干密度质量得以实现。

表 5　　　　　　　　坝体填筑料现场渗透系数检测统计

分 区	试验组数/组	设计值/(cm/s)	检测值/(cm/s)	
			最大值	最小值
垫层区	22	9×10⁻³~5×10⁻⁴	$6.7×10^{-3}$	$1.89×10^{-3}$
特殊垫层区	1	9×10⁻³~6×10⁻⁴	$2.48×10^{-3}$	$2.48×10^{-3}$
过渡层区	23	>1×10⁻²	$7.1×10^{-1}$	$2.4×10^{-1}$
主堆石区（灰岩料）	40	>1×10⁻¹	3.7	1.1
主、次堆石区（砂卵石）	14	>1×10⁻³	$2.5×10^{-2}$	$2.2×10^{-2}$
下游堆石区	6	>1×10⁻¹	3.8	1.2

由表 5 可知，坝体各分区填筑料渗透系数满足设计要求，符合坝料渗透系数随<5mm 颗粒含量增加而减小的规律，满足坝料分区水力过渡要求。

通过坝体填筑料现场压实检测成果统计分析，大坝施工，上坝料级配控制较好，坝体压实均匀，质量优良。

3.2 趾板与面板

趾板混凝土配合比见表 6。

表 6　　　　　　　　　　　　　趾 板 混 凝 土 配 合 比

编号	砂细度模数	状态	水胶比	坍落度/mm	砂率/%	每方混凝土材料用量/(kg/m³)								
						水泥	关口Ⅱ级粉煤灰 15%	VF-Ⅱ防裂剂 12%	砂	碎石/mm		BMR高效减水剂 0.75%	BLY引气剂 1%	水
										5~20	20~40			
S₁₀	2.8	常态	0.44	50~70	39	237	49	39	719	467	701	2.452	3.27	144
S₁₄		泵送		140~160	42	279	57	46	728	417	626	2.865	3.82	168

混凝土用砂为人工砂，随人工砂细度模数变动增大或减小，砂率略有增大或减小，粗骨料人工碎石亦随之略有减少或增多。

面板混凝土配合比见表 7。

表 7　　　　　　　　　　　　　面 板 混 凝 土 配 合 比

水胶比	砂率/%	混凝土材料用量/(kg/m³)								
		水	峨眉中热水泥 42.5	砂	小石	中石	关口Ⅱ级粉煤灰 20%	浙江 ZB-1 减水剂 0.8%	浙江 ZB-1G 引气剂 0.6/万	聚丙烯纤维
0.44	38	151	275	738	602	602	69	2.75	0.021	0.7

3.3 施工期坝体监测

3.3.1 坝体内部变形

根据大坝监测典型断面 DAM0+251.0 剖面，布置在坝体中部高程 790.0m 的垂直沉降观测点 V_{14}（大坝轴线），最大沉降变形值（包括覆盖层砂卵石）886mm，坝高沉降率为 0.57%，计算竣工期压缩模量 E_V 为 145MPa。说明坝体压实度较高，在同类坝型中，变形沉降率较小。

3.3.2 混凝土面板脱空监测

混凝土面板与垫层料间的脱空问题，是我国同类型超高坝建设中发现的问题，也是紫坪铺面板坝设计和施工中力求想避免发生的课题，本工程采用了南京水利

第一部分 土石坝建设与筑坝材料研究

科学研究院生产的 TS 型测缝计进行面板脱空监测。

据埋设于面板 27 号板及 21 号板 780.00m、788.00m、794.00m 高程 6 组两向脱空监测资料，随着坝体填筑增高，面板与垫层料之间产生相对位移增大，坝体堆石填筑完成后，相对位移渐趋稳定。面板脱空监测的相对变形时段与大坝填筑时段相同，说明本次相对变形的性质是因坝体填筑加荷引起的，同组上、下两支仪器差异性较大，表明相对整体位移仍很小。同时埋设于 21 号板下高程 760m（P1）及高程 790m（P2）与垫层料接触土压力计监测数据表明，在相对变形期间，接触压力基本为零，之后接触压力恢复到 0.05~0.08MPa，有一定压力存在，面板与垫层属紧密接触，表明面板与垫层间没有产生脱空。

4 "5·12" 汶川大地震后紫坪铺面板堆石坝受损情况及处理

2008 年 5 月 12 日 14 时 28 分，四川汶川发生里氏 8 级地震，地震时库水位为 628.62m，震中位于汶川映秀，震中地震烈度 11 度，紫坪铺大坝距离映秀 17.17km，大坝坝顶监测到最大地震加速度达 2.064g（基岩监测点已破坏），面板堆石坝经受了超设计标准大地震的严峻考验，成为"遭高烈度地震第一坝"，"世界上没有一个高坝经受过这样的考验，说明紫坪铺大坝设计、施工质量非常好"。

4.1 地震后大坝的基本情况

根据大坝监测系统的资料分析，大坝总体情况良好，主要表现如下：

（1）大坝内观孔高程 850m 最大沉降量为 81.49cm，外观坝顶最大沉降量为 74.43cm，震陷率不大于 0.522%，远远低于 9 度地震允许 2% 震陷率的标准。大坝内部观测最大水平变位仅有 27.44cm，表明坝体填筑是均一密实，质量是好的。

（2）面板周边缝的三向测缝计河床段布置有 3 套，左右岸各 6 套，共有 15 套三向测缝计，地震后，损坏 13 支传感器，影响到 8 套三向测缝计，除 Z2、Z9 变形值较大外，其他点测值小于 50mm，大部分小于 20mm。位于大坝左岸高程 834.87m 的 Z2 测点周边缝沉降量为 92.85mm、张开度为 57.85mm、剪切位移为 -13.42mm，但至 5 月 19 日观测值有较大幅度的减少，沉降量回落到 62.54mm。位于大坝右岸高程 739.14m 的 Z9 测点，周边缝沉降量为 53.86mm、张开度为 34.89mm、剪切位移为 104.24mm，但至 5 月 19 日观测值亦有少许减小。

（3）坝体边坡是稳定的。面板坝动力模型试验表明，由于上游坝面面板的约束，坝体的破坏发生在坝顶附近的下游坝坡，坝坡表层颗粒松动并沿平面或近乎平面滑动。紫坪铺大坝在大地震中，下游坡仅在中上部部分表面干砌石护坡产生块石松动，没有发生滑坡和块石滚落的现象，坝体整体稳定，保证了坝后发电厂房的安全（图 2）。

113

图 2 坝后发电厂房

（4）地震前后大坝渗流量没有明显的变化，在相同库水位情况下，震后有少量增加，由震前渗流量由 10.38L/s 增大到 16.91L/s，但仍低于历史监测到的最大值。

4.2 主要震损情况

4.2.1 坝顶及下游坝坡

由于地震坝体沉降造成防浪墙结构缝受到不同程度的挤压破坏，部分块段防浪墙与人行道之间拉开，最大宽度为 3cm。坝顶下游侧路缘石破坏、石栏杆部分倒塌（图 3）。坝顶路面与溢洪道顶有 20cm 的错台（图 4）。

图 3 下游侧路缘石及石栏杆破坏

4.2.2 面板破损

高程 845.0m 二期面板与三期面板水平施工缝产生错台，5～23 号面板、33～38 号面板错台，最大错台 17cm（图 5）；面板 5 号与 6 号板之间及面板 23 号与 24

图 4　坝顶路面与溢洪道顶错台

号板间垂直缝错台，最大错台为 35cm（图 6）；高程 839.0m 以上部分面板有挤压起拱、裂缝；高程 845.0m 以下除面板 6 号有脱空其余无脱空，面板 6 号脱空高程高脱空大，高程低脱空小（高程 833.0m 为 2cm，高程 879.0m 为 23cm）。

图 5　二期与三期面板水工施工缝错台

图 6　板间垂直缝错台

4.3　破损部位处理

4.3.1　面板脱空

面板脱空区主要分布在高程 845.00m 以上面板以左的各块面板，采用水泥粉煤灰稳定浆液注浆法进行处理，钻孔后注浆，孔口自流注入，不起压。浆液重量比为水泥：粉煤灰：水为 1：9：5～10。每块面板沿坡向布置钻孔 10 排，每排 4 个孔，从面板脱空下部开始往上逐级注浆，下排孔注浆时上排也须打完。

4.3.2　面板 845.00m 高程的水平错台缝

面板 5～12 号和面板 14～23 号采取在高程 845.00m 错台缝以下打除混凝土 80cm，其上打除混凝土 100cm；面板 33～38 号采取在高程 845.00m 错台缝以下打除混凝土 60cm，其上打除混凝土 80cm；并在此范围外清除所有破损混凝土。将变形为 Z 字形的钢筋割除，用 Φ16 钢筋错缝焊接，恢复为原设计配筋型式，再将上下层钢筋用 Φ8@250 单支箍筋进行连接，形成钢筋网，浇筑 C25 混凝土。上部新老混凝土接合施工缝用 10cm 宽、12mm 厚的三元乙丙复合橡胶板黏盖。

4.3.3 面板垂直缝

打开表面止水设施，在面板垂直缝两边各 40cm 开口，按 1：0.1 的坡打除混凝土，并在此范围外清除所有破损混凝土；修复紫铜片止水，浇筑 C25 混凝土；面板 5 号与 6 号之间垂直缝用 12mm 厚的三元乙丙复合橡胶板嵌填，面板 23 号与 24 号之间垂直缝用 24mm 厚的三元乙丙复合橡胶板嵌填，再作表面止水。

4.3.4 面板上裂缝

（1）对于缝宽小于 0.2mm 的浅表裂缝，直接在表面涂刷增韧环氧涂料。

（2）对于缝宽大于 0.2mm 的非贯穿性裂缝，首先对裂缝进行化灌处理，然后进行表面处理。

（3）对于缝宽大于 0.5mm 的裂缝，首先对裂缝进行化灌处理，然后沿缝面凿槽，嵌填柔性止水材料，再进行缝面封闭处理。

4.3.5 其他部位

面板与防浪墙接水平缝、防浪墙及坝顶、坝顶下游侧路缘石等按原设计恢复，坝顶下游坝坡坝顶 1/5 坝高部位及两级马道以下 10m 范围内的干砌块石护坡，改为 M10 水泥砂浆砌块石护坡，栏杆改为钢筋混凝土结构。

5 结语

通过紫坪铺工程面板堆石坝设计、施工及运行实践，特别是经历"5·12"汶川大地震的严峻考验，对于大坝需要分期施工填筑和面板分期浇筑的超高坝，紫坪铺工程面板堆石坝的经验可以借鉴，下列观点值得关注：

（1）紫坪铺工程面板堆石坝经受了超设计标准高烈度地震的严峻考验，实践了地震造成的面板坝表层破坏可修复的理论，证明了面板堆石坝具有极好的抗震性。

（2）紫坪铺工程面板堆石坝坝体分区设计以控制坝体的变形、沉降为主导，尽量避免面板产生结构性裂缝及接缝止水破坏，同时坝体各分区有良好的级配过渡，满足透水要求的设计理念是正确的。根据国内外已建混凝土面板堆石坝工程运行资料分析，以混凝土面板为防渗结构的面板堆石坝与其他类型的土石坝工程特性是不一致的，在超高面板堆石坝设计中，严格控制堆石体沉降变形是保证混凝土面板安全的重要条件。控制面板坝施工期坝体沉降率小于 0.5％～0.6％，施工期堆石压缩模量大于 100MPa，可供混凝土面板堆石坝设计参考。

（3）紫坪铺面板堆石坝各分区坝料设计填筑干密度较高，设计孔隙率均控制在现行设计规范下限值，紫坪铺工程的实践已经证明，对坚硬岩堆石料，严格控制坝料级配，在当前施工机具水平下，达到这样的填筑标准是可以实现的。对于大坝需要分期施工填筑和面板分期浇筑的超高坝，更有参考意义。

（4）紫坪铺面板坝设计中，依据各分区用料及级配，室内采用等重量替代法（或先相似后替代）处理超径，用表面振动器法测求最大干密度，取用压实度不小于0.97确定填筑设计干密度标准的方法，实践已证明是有效可行的。在堆石坝设计中采用压实度控制的方法更有利于坝料填筑标准的统一和施工控制。

高面板堆石坝设计中几个问题的讨论

陆恩施　高希章

摘　要： 高面板堆石坝因分期填筑及面板分期浇筑，在通常经验设计的情况下，诸多工程已出现面板脱空、结构性裂缝、断裂、破碎、坝体渗漏等缺陷，本文通过部分已建工程设计、施工、监测资料的统计分析，探讨高面板堆石坝设计中应当重视的问题。

关键词： 高面板堆石坝；堆石料蠕变；沉降变形；填筑标准；压缩模量；坝料级配

目前在高面板堆石坝设计中，由于大坝分期填筑及面板分期浇筑的工况条件，在已建成的高面板坝中（国内外均有），已频繁出现面板脱空、结构性裂缝（非温度及干缩引起的）、垫层流失以至面板断裂、破碎，形成集中渗流通道，危及坝体安全。我国早期建成的株树桥水库面板坝则是典型事例。天生桥一级、阿瓜密尔帕坝、辛戈坝均出现过面板脱空、结构性裂缝，导致较大量漏水的现象。现收集统计国内外部分工程相关资料，列于表 1 中，并作以下讨论。

1　关于堆石料蠕变（徐变、流变）变形

早期一般认为，堆石料在施工期将基本完成堆石坝体沉降变形，蓄水运行期增加的变形量不大。实践证明，这种观点是不恰当的。由于施工机具的大型化，施工期不长，堆石沉降变形远未稳定，给堆石后期变形留下较多的空间。

根据统计资料，以弱风化及强风化安山岩及正长斑岩填筑的十三陵抽水蓄能电站上池面板堆石坝，坝高 75m，坝顶至下游坝脚高差 118m。观测资料表明，大坝竣工时的最大变形为 61.5cm（坝轴线处），单位坝高沉降率为 0.82%，1993 年竣工至 1995 年 12 月蓄水前这段间歇期，坝体最大沉降为 36.4cm，为竣工期最大沉降的 59.2%，应该说蓄水前的这段间歇时期坝体的变形主要是堆石的蠕变变形，其变形量之大也是不能忽视的。1995 年 12 月开始蓄水后至 1998 年 4 月蓄水运行期坝体沉降为 11.4cm，而蓄水后的变形主要是堆石受新荷载的主变形，但也很难把新的蠕变量区分开来，竣工后到蓄水运行这阶段总的变形量已达到 47.8cm，为竣工时最大变形量的 77.7%，从施工到蓄水至 1998 年 4 月总变形量累计单位坝高沉降率已达 1.46%。

鱼背山电站面板坝，坝高 68m，堆石料为长石石英砂岩，据观测资料分析，在未测得施工期堆石变形的情况下，1998 年 5 月边蓄水边施工及运行至 2001 年 9

表1　国内外部分面板堆石坝工程状况统计

工程名称	坝高/m	主堆石 用料	主堆石 ρ_d/(g/cm³)	主堆石 $n(D_r)$/%	主堆石 E_v/MPa	次堆石 用料	次堆石 ρ_d/(g/cm³)	次堆石 $n(D_r)$/%	次堆石 E_v/MPa	垂直变形 竣工 变形量/cm	垂直变形 竣工 沉降率/%	垂直变形 蓄水 变形量/cm	垂直变形 蓄水 沉降率/%	面板挠度 竣工/mm	面板挠度 蓄水/mm	工程状况
阿瓜密尔巴	185.5	砂砾石 过渡区	2.22 2.04	18 24	130~260	堆石			47							蓄水2年坝体以次堆石沉降差明显，降雨坝体流变。面板结构性裂缝宽15mm，漏水量为257.7L/s
天生桥一级	178	灰岩	2.1	23	45	砂、泥岩	2.15	22	22	292	1.64	54	0.3	633 坝高比 0.36%	至今 1240 坝高比 0.7%	施工期面板脱空，最大脱空15cm，长10m，缝宽≥0.3mm的355条，0.3mm左右258条，2000年1月前的≥0.3mm裂缝已用300号预缩水泥砂浆或GB板胶处理。2002年春又进行调查处理，裂缝在高程750~768m间768处，裂缝最长96m，最宽5cm，最深1.5m，作水泥、粉煤灰、粉细砂灌浆处理。漏水量150L/s
薛尔瓦兴娜	148	砂砾石	2.24	20		砂岩、粉砂岩	2.26	17		主30 次60	0.4					坝体主、次堆石总体压实比较均匀，两区沉降率虽有一定差异，但对坝体上游区及面板未产生不利影响
辛戈	140	硬花岗片麻岩			32	允许风化料上坝			20	次堆区因水管式沉降仪漏水后的沉降由3.3mm/月增至20mm/月				面板裂缝最宽50mm，5号、4号板下沉差30cm。		产生了沉降差。垫层区在施工期即开裂（左岸），最大宽度56mm，渗流不稳定性引起垫层细粉流失与面板脱空，作灌水泥定后处理。倒粉细砂漏水由210L/S降到135L/s
乌鲁瓦堤	131.8	砂砾石	2.33 2.25*	92 85*	233~299	云母石 英片岩	2.28 2.25*	16.8 18*	190~236	上游 34.3 下游 38.4	0.29			141 坝高比 0.11%		本工程是水利部高混凝土面板砂砾石坝关键技术研究的依托工程，施工检测、填筑料压实度达到0.98，D_r>0.9，n<18%，原形观测大坝沉降率仅0.29%，质量优良

续表

工程名称	坝高/m	主堆石 用料	主堆石 ρd/(g/cm³)	主堆石 n(Dr)/%	主堆石 Ev/MPa	次堆石 用料	次堆石 ρd/(g/cm³)	次堆石 n(Dr)/%	次堆石 Ev/MPa	垂直变形 竣工 变形量/cm	垂直变形 竣工 沉降率/%	垂直变形 蓄水 变形量/cm	垂直变形 蓄水 沉降率/%	面板挠度 竣工/mm	面板挠度 蓄水/mm	工程状况
株树桥(1990年)	78		2.1	22.2			2.05	25.2		1997年12月至1999年5月，148~122m垫层区4个点区最大下沉340mm，单位沉降率0.44%；面板挠度最大下沉129.8cm，坝高比1.66%						面板裂缝密集，共300多条，贯穿性裂缝90多条，部分面板下部严重塌陷，最大脱空1.3m，面板断裂破碎，多处形成集中渗透通道。现已完成第一阶段补强处理
十三陵上池(1993年)	75，坝顶至坝脚118	安山岩及正长岩(新鲜)	2.1	26	22~47.2	安山岩及正长岩斑岩(强风化)	2.08	26.8	17.5~49.4	变形量竣工61.5	0.82%	同蓄水36.4 蓄水(1995年12月至1998年4月)11.4	0.485%(总沉降率1.46%) 0.152%	压缩模量 25.9~44.7MPa		蓄水前对面板所有裂缝大于0.2mm，采用环氧灌浆处理，缝宽小于0.2mm采用聚氨脂表面刷处理
鱼背山(1998年)	68	长石石英砂岩(新鲜)	2.1	<21		长石石英砂岩(弱风化)	2.05	<23		16	0.28	1998年1月9日 61.45	2.7	297.1	349.6	1999年10月库体下方渗漏水较大，2000年3月30日面板发现所有裂缝，至2002年9月21日间面板多处裂缝、碎裂、脱空，部分垫层流失，渗漏水约0.3m³/s。用细石料修补
八都	58	凝灰岩			104~156						0.9		0.04			至1998年5月23日，位于河床周边缝最大开合度5.35mm，左右岸均<2mm，周边缝最大沉降15.99mm。最大渗漏量4.55L/s。大坝运行良好
山口	40.5				73.68~103.1					6.8	0.17	2.1	0.05	22.3 坝高比 0.055%		自施工期1998年至1998年年底，周边缝最大变位6.2，沉降5.96mm，剪切3.2mm。渗漏量13.2~17.18L/s。大坝运行良好

注　*及括号内为设计值，上为实际施工检测值。

月，测得坝体最大变形为 61.45cm，单位坝高沉降率为 0.9％。其间 1999 年 11 月至 2001 年 9 月近两年最大变形为 76.5mm，估算这两年单位坝高沉降量为 0.59mm/（m·a），单位坝高沉降率为 0.1125％。

株树桥面板坝，坝高 78m，1990 年建成，仅自 1997 年年底到 1999 年 5 月这个运行期间测得坝体最大变形量 34cm，单位坝高沉降率达 0.436％，估算单位坝高年沉降量为 2.9mm/（m·a），可见堆石后期变形之大（除堆石蠕变变形外，可能还有其他因素）。后因该坝垫层流失、面板碎裂，大量漏水，1999 年 7 月测得渗漏量达 2500L/s，病害严重，2001 年汛前进行了第一阶段坝体及面板处理。第二阶段整治另行安排。

天生桥一级面板坝，坝高 178m，主堆石灰岩料，次堆石砂泥岩料。大坝 1999 年 5 月建成时大坝最大沉降为 292cm，单位坝高沉降率为 1.64％。2000 年 10 月水库蓄水至正常高水位 780m，大坝最大沉降为 338cm。自大坝完建至蓄水到正常高水位历时一年半，沉降增量 46cm，单位坝高沉降率为 0.258％，可视为水库蓄水荷载的主沉降，2001 年年底大坝最大沉降为 346cm，这 1 年零 2 个月大坝沉降增量为 8cm，单位坝高沉降率为 0.045％，估算单位坝高年沉降量为 0.39mm/（m·a），可视为蠕变变形。

沈珠江院士曾对天生桥一级坝进行了考虑坝料流变的对比计算，用考虑施工期流变的程序计算的大坝最大沉降量为 369cm，而不考虑流变的程序计算最大沉降量为 269cm，两者相差 1m，流变变形为后者的 37.2％，坝高沉降率达 0.562％。工程运行实际大坝变形量已远超过考虑流变的程序计算的大坝最大沉降量。

通过上述工程大坝运行变形观测资料及计算分析，说明堆石后期蠕变变形是不可忽视的，一般认为土石坝年单位坝高沉降量小于或等于 0.2mm/（m·a）为沉降变形基本稳定，也说明这些工程堆石坝体沉降变形并未完全稳定。

2　关于坝体沉降变形控制

在土石坝沉降变形控制中，通常以坝体沉降率<1％作为控制的正常条件，针对面板堆石坝在实际可见诸多论文中，有两种解释：一是控制施工竣工及蓄水运行总坝高沉降率<1％（有限元分析计算沉降率<1％时认为设计正常）；二是竣工后控制坝体沉降率<1％，认为工程运行正常。

实践资料反映天生桥一级面板坝竣工时沉降率为 1.64％，蓄水运行至 2001 年年底增加沉降量 54cm，坝高沉降率为 0.303％，工程建设及运行中由于变形量过大产生的垫层区开裂、面板与垫层料脱空、面板结构性裂缝及漏水量的增加，造成诸多缺陷存在。株树桥、鱼背山等面板坝的病害也说明过大的沉降变形率是不可取的。

萨尔瓦兴娜坝、乌鲁瓦提坝、八都坝竣工时坝高沉降率为 $0.28\% \sim 0.4\%$，则工程运行正常。

从已建工程资料分析，高面板堆石坝与其他防渗材料的土石坝工程特性是不一致的，对面板堆石坝而言，控制沉降变形的要求应高于其他土石坝。当前我国专业施工队伍及施工机具水平已有很大的提高，控制大坝变形是可以实现的，从现有条件而言，以面板坝控制施工期沉降率宜小于 $0.5\% \sim 0.6\%$，施工竣工加蓄水运行沉降率小于 $0.8\% \sim 1.0\%$ 为宜。

3 堆石填筑标准

面板坝设计规范规定小于 150m 坝高主堆石料孔率 $n = 20\% \sim 24\%$，下游区堆石孔隙率 $n = 20\% \sim 25\%$，砂砾石料相对密度 $D_r = 0.75 \sim 0.85$。国内前期面板坝设计中堆石孔隙率多控制为 $22\% \sim 23\%$，天生桥一级、鱼背山及株树桥等诸多面板坝即是如此，这些坝均产生大变形、面板破裂、漏水事故。

萨尔瓦兴娜与乌鲁瓦提主堆石均为砂砾石料，次堆石均为开挖及爆破堆石料。萨尔瓦兴娜主、次堆石孔隙率 n 分别为 20% 及 17%；乌鲁瓦提主堆石设计为相对密度 0.85（干密度 $\rho_d = 2.25\text{g/cm}^3$），施工实际达到 $D_r = 0.92$（干密度 2.35/cm³），次堆石为云母钙质片岩、云母石英片岩、绿泥石石英片岩，岩石饱和抗压强度为 $25.4 \sim 49.92\text{MPa}$，设计控制孔隙率 $n = 18\%$（干密度 $\rho_d = 2.25\text{g/cm}^3$），实际施工孔隙率为 16.8%（干密度 $\rho_d = 2.28\text{g/cm}^3$）。主、次堆石施工压实度均达到 0.98。两坝坝体变形均匀，沉降量小，大坝运行正常。

国内几座已建以灰岩填筑的面板坝的填筑控制指标见表 2。

水布垭面板坝（坝高 233m）设计过程中，初期坝料研究，堆石采用重型击实，后期改为平板振动，ρ_d 由 2.10g/cm^3 调整为 2.16g/cm^3。2001 年 9 月 13 日长江水利委员会长江勘测设计院来紫坪铺咨询，回去后设计则由初期堆石孔隙率 $n = 23\%$ 调整为 20%，干密度调整为 2.18g/cm³，压实度提高。与紫坪铺面板坝比较，垫层、过渡带孔隙率分别为 17.3% 和 19.1%，估算压实度仅 $0.95 \sim 0.96$，指标仍然低于紫坪铺坝。施工过程中，坝体出现过顺水流向裂缝，坝体垫层坡面裂缝采用灌浆处理。面板裂缝 800 余条，大于 0.2mm 的裂缝约 200 条进行了处理。截至 2009 年年底，监测到大坝垂直变形 2.47m，坝高沉降率已超过 1%。

四川岷江紫坪铺面板坝设计控制灰岩堆石料孔隙率为 20.6%（相应干密度 $\rho_d = 2.16\text{g/cm}^3$），砂卵石堆石料相对密度为 0.92（相应干密度 $\rho_d = 2.30\text{g/cm}^3$），实际施工干密度分别达到 2.21g/cm³ 及 2.36g/cm³，压实度均达到 $0.98 \sim 0.99$。目前大坝运行正常。

表2　面板坝控制指标对比

分区	工程	D_{max} /mm	<5mm 含量 /%	<0.075mm 含量 /%	最大干密度 ρ_{dmax} /(g/cm³)	压实度	设计干密度 ρ_d /(g/cm³)	孔隙率 n /%	相对密度 D_r	φ /(°)	Δφ /(°)	k	k_b	渗透系数 K_{20} /(cm/s)
垫层	规范	80~100	30~50	<8				15~20 18						不作统一规定
	天生桥	80	30~55	4~8		0.924*	2.2	19.4	0.77*	50.6*	7	1050	476	(2~9)×10⁻³
	水布垭	80	30~45	4~7		0.945*	2.25	17.3	0.84*	56.0*	10.5	1200	750	
	紫坪铺	80~100	30~45	<8	2.38	0.966	2.30	15.4	0.9	57.51	10.6	1273	1259	$\dfrac{2\times10^{-2}\sim2.8\times10^{-4}}{6.5\times10^{-3}}$
过渡料	规范	300	0~15					18~22 20						自由排水
	天生桥	300	0~15	<5			2.15	21	0.83*	52.5*	8.0	970	440	(2~9)×10⁻¹
	水布垭	300		<5			2.2	19.1	0.89*	54.0*	8.6	1000	450	
	紫坪铺	300	10~20	<5	2.3	0.978	2.25	18.2	0.9	57.63	11.44	1150	1084	6.1×10⁻¹
堆石	规范	压实层厚 300	<20					20~25 / 18~21						自由排水
	天生桥	800	<23	<5	2.25	0.933	2.1	23	0.78	54	13	940	340	
	水布垭	800		<5		0.977*	2.18	19.9	0.94*	52	8.5	1100	600	
	紫坪铺	800	5~15	<5	2.23	0.969	2.16	20.6	0.92	55.39	10.6	1080	964	1×10⁰~1×10⁻¹

* 天生桥、水布垭、紫坪铺三工程均为灰岩（比重2.72）坝料，天生桥、水布垭压实系数及相对密度借用紫坪铺坝料室内最大干密度值计算所得，供对比参考。

注：水布垭大坝于2009年10月坝体沉降变形率已大于1%。按《混凝土面板堆石坝设计规范》（SL 228—2013）、《混凝土面板堆石坝设计规范》（DL/T 5016—2011）垫层料n应该小于18%。水布垭大坝坝高大于200m，坝料填筑标准应有更高的要求。

根据以上统计分析，在高坝设计中（特别是 200m 级面板坝）堆石孔隙率宜小于或等于 20%，砂卵石料相对密度 D_r 宜大于或等于 0.9。

4　堆石体压缩模量

人们通常认为施工期堆石体压缩模量在 50MPa 左右即可，相关统计资料表明，包括巴西赛格雷多、阿里亚坝在内以及表列天生桥一级、辛戈、十三陵上池等坝施工期压缩模量低于 70MPa 者，都产生较大的沉降变形。

阿瓜密尔帕坝虽主堆石体砂砾石压缩模量高达 260MPa，过渡区砂砾石压缩模量 130MPa，而下游堆石压缩模量仅 47MPa，由于前后堆石区压缩模量差异太大，仍然产生如同天生桥一级类似的变形效应。因此，当前普遍的共识是主、次堆石压缩模量不宜相差太大。有人主张次堆石区压缩模量应大于主堆石区的 1/2；也有主张不分主、次堆石，在材料岩性同属一种岩性、强度等特性时，采用统一的碾压参数和填筑标准；如果依坝料条件分为主、次堆石区，次堆石区的压缩模量及孔隙率标准应高于或等于主堆石区，以期相互的沉降变形得以平衡，减少不同区域坝料的位移间的相互牵动。

乌鲁瓦提面板坝主堆石砂砾石压缩模量 E_v 为 233～299MPa，次堆区片岩堆石压缩模量 E_v 为 190～236MPa；八都面板坝堆石压缩模量 E_v 为 104～156MPa；紫坪铺面板坝压缩模量 E_v 为 140MPa 左右，施工监测面板与垫层间未产生脱空现象。这些工程的实践都证实了后者的观点。据已有资料看，对高面板坝而言，宜控制堆石体压缩模量 $E_v \geqslant 100$MPa。

5　坝料级配

在堆石坝施工中，人们往往对坝料级配重视不够，实践证明，面板坝各分区坝料级配控制是极其重要的。据相关资料报道，株树桥面板坝施工中坝料控制不严，垫层料级配小于 5mm 含量平均为 25.4%，细粒含量偏低，渗透系数平均为 61.8×10^{-2}cm/s，渗透系数偏大。在大坝病害整治中，测试垫层干密度仅为 1.54～1.99g/cm³；小于 5mm 含量为 10.3%～28.3%。过渡料使用了主堆石料中较小细料，级配不能满足垫层、过渡层、主堆石的水力过渡条件。由于大坝变形导致止水破坏，在高水头长时间的作用下，因垫层抗渗强度较小，加之过渡层起不到对垫层的反滤保护作用，垫层料发生渗透流失，进而使面板与垫层脱空，周边缝的变形破坏进一步发展，渗漏量不断增大，大坝渗漏进入恶性循环，最终使大坝面板产生结构性裂缝，以致断裂、塌陷破坏。鱼背山面板坝亦因施工中坝料级配（主要是垫层及小区料、过渡料）控制不满足设计要求，垫层小于 5mm 含量平均为 27.7%，小区料小于 5mm 含量平均为 22.7%，过渡层最大粒径达 600～

1200mm，小于 5mm 含量最小值仅 0.66%，过渡层对垫层不起反滤保护作用，坝体沉降变形过大，导致下部周边缝及面板破裂，仅在 2001 年对大坝渗漏进行了一次检测，渗漏量达 300L/s，产生的病害后果与株树桥面板坝类似。从这类病害整治过程检查说明了坝料级配的重要性。

6　结论

通过前面几个问题的分析讨论，目前对高面板坝堆石料设计已有比较倾向性的共识，并在设计中予以重视：

（1）高面板堆石坝堆石体在高应力作用下，堆石颗粒破碎，引起堆石体内部的调整，颗粒受到周围颗粒不规则作用力进一步发生运动，引起周围颗粒的联动，相互影响而延续，形成堆石料蠕变变形特性。目前的研究尚不能确定堆石主变形和蠕变量明确的指标衡量。但现有资料表明堆石的蠕变与堆石颗粒的岩性、强度、形状、填筑密度、应力水平等条件有关。

（2）钢筋混凝土面板防渗结构的面板堆石坝与其他防渗材料土石坝的工程特性有明显的差异，土石坝设计标准不能等同用于面板堆石坝，高面板坝在堆石填筑标准及变形控制条件方面均应高于其他土石坝。现有资料比较，高面板堆石坝应控制堆石孔隙率 $n \leqslant 20\%$；砂卵石料相对密度 D_r 宜大于或等于 0.9；在不考虑堆石流变时，控制坝体竣工堆石沉降率宜小于 $0.5\% \sim 0.6\%$；堆石压缩模量 E_v 宜大于或等于 100MPa，以保证大坝安全。

（3）针对高面板堆石坝防渗结构及分期施工的特点，对坝料使用及控制标准应慎重研究，那种认为次堆石用料和填筑标准可以降低的观点，在高面板坝设计中是不宜采纳的，乌鲁瓦提、萨尔瓦兴娜坝提供了成功的经验，在分期施工的高面板坝设计中，次堆石区采用较高的填筑标准是必要的。

（4）面板堆石坝各分区坝料级配在设计中应有明确的界定，在施工中应严格控制坝料级配检测，不合格料不能上坝，此项应引起工程界的足够重视。

参考文献

[1]　赵增凯. 高混凝土面板堆石坝防止面板脱空及结构性裂缝的探讨 [C]//混凝土面板堆石坝筑坝技术与研究. 北京：中国水利水电出版社，2005.

[2]　魏寿松，冯业林. 天生桥一级高混凝土面板堆石坝工作性态初步分析 [C]//土石坝建设中的问题与经验. 西安：陕西人民出版社，2002.

[3]　钮新强，徐麟祥，廖仁强，等. 株树桥混凝土面板堆石坝渗漏处理设计 [J]. 人民长江，2002，33（11）：1-3.

[4]　刘庶华. 何国连. 株树桥水库大坝导致面板破坏的渗漏原因分析 [C]//混凝土面板堆石坝筑坝技术与研究. 西安：陕西人民出版社，2002.

［5］ 张亦昭. 十三陵抽水蓄能电站上池堆石坝体沉降变形分析［C］//中国水利学会岩土力学专业委员会，水利水电土石坝工程信息网. 土石坝与岩土力学技术研讨会论文集. 北京：地震出版社，2001：8.

［6］ 周正新. 十三陵抽水蓄能电站上池大坝渗流观测［C］//中国水利学会岩土力学专业委员会，水利水电土石坝工程信息网. 土石坝与岩土力学技术研讨会论文集. 北京：地震出版社，2001：4.

［7］ 熊国文，周干武，应宁坚. 八都面板堆石坝原型观测与资料分析［C］//中国水利学会岩土力学专业委员会，水利水电土石坝工程信息网. 土石坝与岩土力学技术研讨会论文集. 北京：地震出版社，2001：5.

［8］ 曹克明，汪易森，张宗亮. 关于高混凝土面板堆石坝设计施工的讨论［C］//混凝土面板堆石坝筑坝技术与研究. 北京：中国水利水电出版社，2005.

［9］ 陆恩施. 从乌鲁瓦提面板坝设计与施工实践看坝料填筑标准［J］. 土石坝工程，2002（3）.

第二部分　昔格达组(岩基)建坝研究

大桥水库副坝址昔格达组岩石地基工程地质特性的研究 *

陆恩施

摘　要： 大桥水库副坝址地基为第四系下更新统昔格达组（Q_1x）砂岩、泥岩不等厚互层，岩性软弱，半成岩状。经采用岩石及土工相结合、室内与现场结合的研究方法，并引入膨胀、收缩试验，崩解及干燥-饱和吸水率试验，对大桥副坝址昔格达组岩石工程地质特性进行了系统的研究，取得了真实反映大桥昔格达组岩石的物理力学指标。经综合分析证实，大桥昔格达组岩石为弱胶结—中等胶结、弱膨胀的极软岩，优于四川攀枝花市广布的"昔层"，为在昔格达组岩石地基上修建水工建筑物提供了科学论据。

1　概述

大桥水库位于凉山州冕宁县境内，雅江一级支流安宁河干流梯级开发控制性水利工程，以农业灌溉和工业、城市生活供水为主，结合发电，兼顾防洪环境保护供水、水产养殖、旅游等。

水库枢纽主坝为钢筋混凝土面板堆石坝，坝高 91m，副坝为碎石土心墙堆石坝，副坝高 29.5m，总库容 6.58 亿 m^3，电站装机 90MW，灌溉农田面积 87.42 万亩。

副坝址地基为第四系下更新统昔格达组（Q_1x）砂岩、泥岩不等厚互层，岩性软弱，半成岩状。四川攀枝花市自 1965 年大规模城市建设以来，人们对昔格达地层已形成了富含黏土颗粒和黏土矿物，吸水软化、泥化，脱水干裂，风化状态下迅速崩解，抗剪强度随水的渗入而不断降低的概念，即"昔层"是易滑地层的结论[1]。在昔格达地层上修建水工建筑物尚未见诸报道，为兴建水利工程而系统研究昔格达组岩石资料亦不多见。因此，全面研究和认识大桥水库副坝区昔格达组岩石工程地质特性，是探讨建坝条件的关键所在。

2　大桥水库副坝区工程地质简况

据勘察，副坝区昔格达组岩石表层风化呈褐黄色、褐黄色砂、泥岩，分布厚

---

* 本文发表于《四川省岩石力学与工程学会首届学术会议论文集》1994 年。该论文荣获 1996 年四川省优秀论文。

度与地形地貌有关，一般小于 7m，右岸单薄山脊地段可达 22.70m。下部为灰黑色或深灰色砂、泥岩不等厚互层，岩相变化较大，在相对稳定的砂岩中常夹有小于 0.4m 的泥岩条带在相对稳定的泥岩层中也夹有厚度小于 0.4m 的砂岩透镜体。昔格达地层厚度在坝轴线垭口段及右坝肩为 52～68.50m，右岸 50m 仍未揭穿。泥岩层理及微细层理发育。岩层产状 N70°～80°E/NW∠8°～12°，倾向上游偏右岸。

坝区昔格达组地层中发育两组构造裂隙，产状为①N20°～40°W/NE∠66°～82°，②N50°～60°E/NW∠70°～80°。一组近似与岸坡平行，一组近似平行坝轴线切割岩体，与岩层层面组合，构成了使坝基岩体沿岩层层面滑移的地质条件。

3 试验研究的原则及方法

（1）昔格达组成岩时间晚，属极软岩，保持岩样的原状是研究、认识昔格达组特性的首要条件。取样中，采用高分子树脂胶液涂刷两遍，再加薄膜包裹封装，以保持试样原状。

（2）采用岩石及土工相结合的研究方法，全面探讨其物理力学特性。

（3）引入膨胀、收缩试验，崩解及干燥-饱和吸水率试验，对岩组胀缩性及胶结度作出判释，对其属性进行综合评价。

（4）在室内试验的基础上，进行现场载荷试验，综合分析昔格达组物理力学指标，对昔格达组地层上建坝条件作出评价。

4 试验成果及分析

4.1 大桥昔格达组岩石的黏土矿物

坝址区泥岩化学分析成果列于表 1。

表 1　　　　　　　　　　　　　　坝址区泥岩化学分析成果

试样编号	取样地点	<2μm 粒组化学成分/%							有机质含量/%	可溶盐含量/%	pH 值
		SiO_2	Fe_2O_3	Al_2O_3	CaO	MgO	灼减	SiO_2/Al_2O_3			
大 ZK_{27}	副坝址	55.6	7.48	23.38	0.82	3.54	6.14	4.04	0.97	0.10	7.3
大 ZK_{50}	副坝址	52.5	7.17	23.70	0.88	3.60	6.90	3.76	1.07	0.08	7.3
大 ZK_{52}	副坝址	54.22	7.71	25.40	0.77	3.48	6.98	3.62	0.91	0.08	7.3
大 ZK_{53}	副坝址	53.56	7.48	24.00	0.88	2.81	6.70	3.79	0.91	0.07	7.3

成果表明小于 $2\mu m$ 粒组化学成分相近，硅铝比为 3.62～4.04。与攀枝花市"昔层"相比[2]，硅铝比值低，MgO 含量略高，CaO 含量略低，pH 值为 7.3，低于攀枝花市（pH≥8.5），属弱碱性。

在不同深度取样用扫描电镜分析、红外分析、X 射线衍射分析及 TG-DTA 分析进行检测，综合判定昔格达组黏土矿物以水云母为主，含量约 50%，绿泥石、长石、方解石、石英等占 48%，蒙脱石占 2%。

化学分析与矿物鉴定结果吻合。

4.2　昔格达岩组的物理特性

昔格达组岩石分砂岩、泥岩两大类，若依颗粒组成黏粒含量多少，界限含水量特征，本工程昔格达岩石大体可分为三类：Ⅰ类是黏粒含量小于 15% 的泥质岩（土壤名称为重砂壤土、轻壤土）或泥质粉砂岩（轻粉质壤土）；Ⅱ类是以粉粒为主，黏粒含量 19.4%～25.6% 的粉砂质泥岩（中、重粉质壤土）；Ⅲ类是黏粒含量大于 30% 的泥岩（粉质黏土、黏土）。综合整理其物理指标列于表 2。

表 2　　　　　　　　　　　　　昔格达岩组物理特性

项目 类型	颗粒组成				比重	天然状态				界限含水量			建议岩石名称
	砂粒	粉粒	黏粒	土壤名称		含水量/%	干密度/(g/cm³)	孔隙比	饱和度/%	液限/%	塑限/%	塑性指数	
	%												
Ⅰ	54.1	34.7	11.2	轻壤土	2.75	17.7	1.80	0.528	92.2	25.4	13.6	11.8	泥质砂岩
Ⅱ	16	60.8	23.2	重粉质壤土	2.77	22.1	1.69	0.639	95.8	37.7	19.9	17.8	粉砂质泥岩
Ⅲ	7.4	48.6	44	粉质黏土	2.77	19.5	1.70	0.629	85.9	42.4	23.6	18.8	泥岩

由表 2 可见，岩组物理指标与岩性是一致的，岩石在天然状态下基本上是饱和的。与攀枝花市"昔层"比较大桥昔格达组物理指标优于攀枝花市"昔层"[2]。

4.3　胀、缩特性

为了对岩组的胀缩性作出评价，研究中安排了原岩的膨胀率、膨胀力、收缩试验；粉碎挠动样的自由膨胀率试验；并引入浸水崩解及干燥-饱和吸水率试验[3-4]，观察其水解形式，定量测定干燥-饱和吸水率，判定岩石的膨胀势及胶结程度。分类整理成果列于表 3。

表 3　　　　　　　　　　　昔格达岩组胀缩特性胶结程度评价

类型	膨胀			收缩	崩解					评价
	自由膨胀率/%	膨胀率/%	膨胀力/Pa	体缩率/%	崩解类型	干燥-饱和吸水率/%	膨胀势	胶结系数	胶结程度	
Ⅰ	4.0	0.52	2.4	0.65	Ⅰ～Ⅱ	37.5	弱	0.68	弱	弱胶结，弱膨胀
Ⅱ	0	0.24	2.3	1.53	Ⅱ～Ⅲ	42.6	弱	0.88	弱	弱胶结，弱膨胀
Ⅲ	6.8	0.83	4.3	1.37	Ⅱ～Ⅲ	33.3	弱	1.27	中等	中等胶结，弱膨胀

由表 3 表明，岩石膨胀、收缩均较微。与黏土矿物以不膨胀的水云母为主是吻合的。砂岩块崩解物多为粒状，一般 20min 内崩解过程完成，崩解类型多属Ⅰ、Ⅱ类。

泥岩块崩解物形态多为页片碎屑状，一般在 20min 至数小时内崩解成薄片状或碎块状，岩石胶结系数随黏粒含量的增加而增大，崩解类型多为Ⅱ、Ⅲ类。Ⅲ类泥岩胶结程度为中等，干燥-饱和吸水率低于Ⅰ、Ⅱ类岩石，这是岩石胶结度对浸水稳定的反映。上述各项指标均未达到膨胀岩标准，说明本区昔格达岩石不属于膨胀岩。

4.4 岩石的抗压强度及变形特性

试验成果分类整理列于表 4。

表 4 　　　　　　　　　　昔格达岩组抗压强度及变形特性

类型	抗 压 强 度			变 形 试 验		
	原状样	饱和	烘干样	破坏强度 /MPa	E_{50} /10^2 MPa	μ
	MPa					
Ⅰ	1.07			0.78	3.38	0.44
Ⅱ	1.07	0.89	13.2	0.87	4.69	0.31
Ⅲ	1.73	0.79	13.4	1.60	5.42	0.30

注　烘干样试件尺寸为 ϕ50mm×50mm。

由表 4 可见：

（1）岩石烘干抗压强度远大于天然状态及饱和抗压强度，以强度指标而论，昔格达岩组属极软岩。试件均用车床加工而成，说明岩石具有一定强度。

（2）变形试验砂岩强度低于泥岩强度，变形指标 E_{50}、μ 值有相应规律，这与各类岩石成岩胶结程度的结论是相当的。

4.5 昔格达岩组的压缩性

分类综合整理压缩指标列于表 5。

表 5 　　　　　　　　　　昔格达岩组压缩试验成果

类别	试验参数		压 力						
			0MPa	0.05MPa	0.1MPa	0.2MPa	0.3MPa	0.4MPa	0.1~0.4MPa
Ⅰ	孔隙比		0.580	0.571	0.567	0.562	0.559	0.556	
	压缩系数	MPa^{-1}	0.18	0.08	0.05	0.03	0.03		0.037
	压缩模量	MPa	8.78	19.75	31.6	52.67	52.67		42.7
Ⅱ	孔隙比		0.665	0.657	0.652	0.646	0.642	0.638	
	压缩系数	MPa^{-1}	0.16	0.10	0.06	0.04	0.04		0.047
	压缩模量	MPa	10.41	16.65	27.75	41.63	41.63		35.4
Ⅲ	孔隙比		0.675	0.667	0.661	0.654	0.650	0.647	
	压缩系数	MPa^{-1}	0.145	0.12	0.07	0.04	0.03		0.047
	压缩模量	MPa	11.55	13.96	23.93	41.88	55.83		35.6

把昔格达组岩石作为土看待，在试验压力 0.1～0.4MPa 范围内，属低压缩性土，以压缩指标可视为超固结压缩黏性土，这是成岩固结的反映。砂岩压缩模量大于泥岩，这与砂岩密度高于泥岩密度是一致的。

4.6 昔格达岩组的渗透定性

渗透变形试验是在改装的南 55 型渗透仪上进行的，水流方向由下向上，试样顶部可以观察试样在水流作用下的变形及破坏情况。试验表明，泥岩渗透系数一般为 10^{-6}～10^{-7}cm/s 量级，砂岩一般为 10^{-4}～10^{-5}cm/s 量级，均属弱透水。渗透变形试验时，在渗透水流作用下，试件产生变形，渗流量的递增值逐渐减小，$\lg i - \lg v$ 曲线上出现倒坡，渗透系数逐渐减小，这是因为水压下，上游面受压，下游面受拉，岩样变形所致。因试验条件，绝大部分岩样未能破坏，试验坡降均大于 50～60。仅在Ⅰ类岩中的泥质砂岩（大 $ZK_{63}ZH_2$）试验中，当水力坡降 i 升到 38.325 后约 5min，渗透水量不断增大，试面大量涌水，大量泥砂带出，随即试样整体抬动，呈流土型破坏。

4.7 昔格达岩组抗剪强度

4.7.1 原状岩抗剪强度

在原状岩样的抗剪强度研究中，主要采用直剪试验，进行了饱和快剪、饱和固结快剪、饱和固结慢剪三种剪切方法试验。三种剪切方法各类岩石的小值抗剪强度列于表 6。

表 6 　　　　　　　　昔格达岩组抗剪强度（小值）

类别	饱和快剪		饱和固结快剪		饱和固结慢剪		含义
	C/kPa	φ	C/kPa	φ	C'/kPa	φ'	
Ⅰ	27	34°	2	33°1′	104	37°3′*	峰值
			7	32°12′			稳定值
Ⅱ	37	30°58′	43	31°17′	38	31°17′	峰值
	40	21°55′*	40	25°10′			稳定值
Ⅲ	150	38°51′**	77	39°56′	62	39°52′*	峰值
	20	25°50′	20	31°4′			稳定值

＊　一组成果。

＊＊　平均值。

试验成果反映昔格达岩组原状岩具有以下剪切特性：

（1）半成岩的昔格达组，同一种岩石不同剪切方法对抗剪强度的影响并不显著，抗剪强度值均较高而相近，影响强度大小的主要条件是试样的成岩结构状况，这与超压密固结土剪切特性一致。

（2）岩组剪应力与水平位移曲线，主要为驼峰软化脆性破坏型，峰值出现在较小剪切位移约 1mm，峰后强度下降很大形成一稳定强度，见图 1。另有部分试样峰后强度降低较小，峰值出现时剪切位移较大。这个特征说明了岩石成岩固结程度的差异。

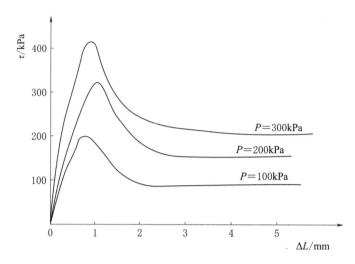

图 1 大 $ZK_{27}ZH_2$ 饱和固结快剪 $\tau - \Delta L$ 关系曲线

4.7.2 扰动样抗剪强度

考虑到昔格达地层中可能存在泥化夹层等软弱结构面，选择了黏粒含量高的试样，粉碎成扰动试样，按液限状态控制试样，进行固结快剪试验和排水反复直剪试验测残余强度，并在副坝区最具代表性且发育完全的 IV 号滑坡的探坑和竖井中，取滑动带土进行试验，成果列于表 7。

试验成果表明：

（1）滑动带土与组成库坝区昔格达岩组物理性指标基本类同，说明物质成分一致。

（2）滑动带土与原岩扰动样饱和固结快剪强度及排水反复直剪一次峰值强度基本一致，比原状岩样稳定值强度稍低，说明滑动带土及扰动样强度代表了本区昔格达地层最薄弱的结构面强度。

（3）残余强度与一次峰值强度比较下降约 20%。其值可为本区岩石抗剪强度最低控制指标。据研究[5]，当软弱夹层黏土矿物含蒙脱石达 20%～30% 时，内摩擦角大大降低，混层矿物一般约为 10°。本区昔格达残余强度指标证实，其黏土矿物并非亲水性强、膨胀性高、强度低的蒙脱石。

通过大桥昔格达组大量的原状岩块及滑带土和扰动样的抗剪试验，证明其剪切特性及强度值都不同于攀枝花市"昔层"，明显优于攀枝花市"昔层"。

4.8 载荷试验

大桥水库工程副坝地基昔格达岩体载荷试验成果列于表 8。

表7　扰动样试验成果

土样编号	土粒比重	界限含水量			颗粒组成			土壤名称	固结快剪				排水反复直接剪切试验					
		液限/%	塑限/%	塑性指数/%	砂粒/%	粉粒/%	黏粒/%		控制		凝聚力/kPa	内摩擦角	控制		一次峰值		残余强度	
									干密度/(g/cm³)	含水量/%			干密度/(g/cm³)	含水量/%	凝聚力/kPa	内摩擦角	凝聚力/kPa	内摩擦角
大 ZK57 – ZH1	2.76	49.4	26.3	23.1	2.2	35.3	62.5	重黏土	1.15	50	2	29°2′	1.16	48.9	8	29°54′	12	23°2′
大 ZK57 – ZH3	2.77	50.9	27.6	23.3	7.1	44.5	48.4	黏土	1.13	51.5	6	28°9′	1.15	50.6	6	28°22′	8	23°31′
大 ZK60 – ZH1	2.76	39.6	21.8	17.8	12.0	45.5	42.5	粉质黏土	1.30	40.0	6	29°28′						
TK38 – RD1*	2.79	46.2	25.0	21.2	4.0	57.0	39.0	粉质黏土	1.46	31.7	7.8	28°22′						
TK38 – RD2*	2.75	32.1	17.1	15.0	21.6	63.3	15.1	中粉质壤土	1.58	25.4	8.8	29°40′						
TK38 – RD3*	2.77	41.6	21.5	20.1	9.3	55.6	35.1	粉质黏土	1.49	30.4	4.9	28°48′						
SJ1*	2.78	42.3	23.2	19.1	10	57	33	粉质黏土	1.62	24.6	25.5	28°48′						

* Ⅵ号滑坡滑动带土样。

表 8   昔格达岩体载荷试验成果

试点编号	副 SK_{1-1}	副 SK_{1-2}	副 SK_{1-3}	副 SK_{1-4}
岩石名称	褐黄色泥质粉砂岩	褐黄色粉砂、泥岩	灰色泥质粉砂岩	灰色粉砂质泥岩
试点深度/m	3.8	3.8	4.5	4.9
试面含水量/%	16.3	24.0	18.5	18.9
饱和度/%	83.2	饱和	饱和	饱和
试件面积/cm²	500	500	500	500
变形模量/MPa	35.7	32.3	34.5	26.1
试验最大应力/MPa	1.014	1.183	1.183	1.352
比例极限/MPa		0.5	0.85	0.75
出现首条径向裂隙时的应力/MPa		0.676	1.183	1.014
破坏极限/MPa	>1.014	>1.183	>1.183	>1.352

由表 8 可知，岩体饱和的状况下，风化的褐黄色砂岩、泥岩强度低于灰色砂岩、泥岩。前者允许承载力约为 0.5MPa，后者为 0.7～0.8MPa。

5 结论

（1）大桥水库昔格达岩组黏土矿物主要为水云母，胀缩试验、崩解及干燥-饱和吸水率试验证明，本区昔格达组不属于膨胀岩，为弱—中等胶结弱膨胀的软岩。

（2）采用多种方法综合研究昔格达物理力学特性，达到了全面认识昔格达岩组工程特性的目的。研究证明大桥水库昔格达组不同于攀市"昔层"，岩石弱透水，抗渗能力强，抗剪强度高，岩体允许承载力较高，因而在大桥昔格达地层上修建土石坝工程是可行的。

（3）在软岩的特性及分类研究中，依据颗粒组成、崩解及干燥-饱和吸水率划分岩石类别及判别岩石属性的方法值得推广。

参考文献

[1] 林振湖. 渡口工业区昔格达组地层滑坡的特点及其整治［M］. 北京：科学技术文献出版社，1983.
[2] 彭盛恩. 昔格达组粘土的工程地质特性研究［J］. 水文地质工程地质，1986（2）：16-18.
[3] 时梦熊，吴芝兰. 膨胀岩的简易判别方法［J］. 水文地质工程地质，1986（5）：46-48.
[4] 曲水新，徐晓岚，时梦熊，等. 泥质岩的工程分类和膨胀势的快速预测［J］. 水文地质工程地质，1988（5）：13-16.
[5] 冯光愈，那韵芳. 关于高岭、伊利和蒙脱土及其混合料的抗剪强度［R］. 武汉：长办科学院，1977.

攀西地区昔格达岩组工程特性比较

陆恩施

攀枝花市-西昌地区广泛分布昔格达地层。以四川省会理县"昔格达村"命名的"昔格达组"地层，是第四系下更新统昔格达组（Q_1x），由粉砂岩和黏土岩互层组成，半成岩状。

攀枝花市（原渡口市）自 1965 年大规模建设以来，由于工程建设活动（切割坡脚施工爆破等），以及属亚热带半干旱季风气候区，具有干、湿季节分明的特点，降雨诱发的滑坡达 90% 以上。因此渡口地区通过多年的建设和对滑坡的研究和整治，已形成这样的概念：富含黏土颗粒和黏土矿物的昔格达地层极容易亲水、吸水软化、泥化、脱水干裂、风化状态下迅速崩解、水的渗入抗剪强度不断降低，即"昔层"是易滑地层的结论。

西昌冕宁大桥水库坝区亦分布有昔格达地层，其工程特性是否与渡口地区"昔层"一样？这是大桥水库建设中必须查清的问题。下面就收集到的渡口"昔层"成果以及对大桥水库坝区昔格达组试验研究资料作对比分析。

1 昔格达岩组岩石原状样基本特性

昔格达岩组岩石原状样基本特性成果对比列于表 1。

昔格达岩组 $<2\mu$ 粒组化学分析及矿物鉴定成果列于表 2。

表 1 和表 2 所列成果是可直接比较的部分。在大桥水库昔格达岩组的研究中，还有以下工程特性，归结如下：

（1）岩组具层理，亦有 1mm 至几毫米的薄层状微层理。干岩石浸水崩解一般在 20min 至数小时崩解完毕，崩解物形态为碎页片、碎块状，手捏成泥。干燥—饱和吸水率均低于 50%，因而用胶结系数（液限与干燥—饱和吸水率的比值）衡量属弱胶结—中等胶结。通过膨胀率、膨胀力、体缩及自由膨胀率试验，膨胀、收缩特性指标均较小（膨胀率小于 1%、体缩率小于 2.3%、自由胀率小于 20%）。岩石评价为弱胶结—中等胶结弱膨胀的软岩。泥岩胶结程度优于砂岩。

（2）岩组具有一定强度，在天然状态下（饱和度 90% 以上）单轴抗压强度达 $1\sim1.73$MPa，弹性模量 E_{s0} 达 $300\sim500$MPa。

（3）岩组不同试验方法对抗剪强度影响不大，这是成岩的反映。原状样抗剪强度均较高。剪切破坏形式绝大多数为驼峰软化脆性破坏型。直剪峰值强度（小

137

表 1　普格达岩组岩石原状样物理力学指标对比

土样编号	取样位置	野外描述	天然状态的物理性指标 含水量 W/%	密度 湿 γ/(g/cm³)	密度 干 γd/(g/cm³)	孔隙比 e	饱和度 G	土粒比重 ΔS	液限 WL/%	塑限 WP/%	塑性指标 IP/%	颗粒/% 砂粒 >0.05 mm	颗粒/% 粉粒 0.05~0.005 mm	颗粒/% 黏粒 <0.005 mm	分类名 按颗粒组成	压缩系数 a/MPa⁻¹	直剪强度 凝聚力 C/kPa	直剪强度 内摩擦角 φ
1	渡口市	肉红色黏土	42.3	1.73	1.22	1.25	92.7	2.74	61.8	31.5	30.3	0.5	15.5	84.0	重黏土	0.10	60	25°30'
3	渡口市	浅黄色黏土	28.1	1.82	1.42	0.93	82.8	2.74	58.3	31.2	27.1	0.8	38.4	60.8	重黏土	0.10	65	27°20'
5	渡口市	灰黑色黏土	39.2	1.80	1.29	1.12	95.6	2.73	56.2	34.1	22.1	3.0	30.4	66.6	重黏土	0.07	65	29°40'
6	渡口市	灰黑色黏土	32.9	1.74	1.31	1.11	81.1	2.76	59.7	31.2	28.5	0.2	17.5	82.3	重黏土	0.10	75	26°20'
大 $ZK_{27}ZH_3$	大桥	灰色泥岩	17.6	2.12	1.80	0.539	90.4	2.77	37.5	22.2	15.3	8.23	58.3	33.4	粉质黏土	0.11	126	44°8'
大 $ZK_{50}ZH_1$	大桥	灰色泥岩	22.4	2.01	1.64	0.695	98.3	2.78	37.4	21.3	16.1	14.7	59.7	25.6	重粉质壤土	0.08	52	34°1'
大 $ZK_{53}ZH_1$	大桥	灰色泥岩	22.9	2.05	1.67	0.665	95.7	2.78	42.3	19.5	22.8	14.8	60.5	24.7	重粉质壤土	0.05		

值）$C=30\sim77\text{kPa}$，$\varphi=31°\sim39°56'$ 峰值后的稳定值强度 $C=20\sim40\text{kPa}$，$\varphi=21°\sim31°$。三轴峰值强度 $C=240\sim630\text{kPa}$，$\varphi=36°\sim47°37'$。

表 2　　　　　　　　昔格达岩组 $<2\mu\text{m}$ 从粒组化学成分对比

分析编号	试样原号	试样名称	取样地点	分析结果/%						pH 值	黏土矿物
				SiO_2	Al_2O_3	Fe_2O_3	CaO	MgO	SiO_2/Al_2O_3		
1	渡口市	肉红色黏土	平江龙洞	54.20	21.19	5.72	1.275	2.233	4.34	8.45	伊利石78%，高岭石、绿泥石：22%
3	渡口市	浅黄色黏土	仁和老街	48.44	18.32	10.73	2.494	2.078	4.49	8.80	伊：82%，高、绿：18%
5	渡口市	灰黑色黏土	平江大水井	49.88	21.19	7.51	3.256	2.753	3.99	8.75	伊：66%，高、绿：34%
6	渡口市	灰黑色黏土	红格干沟	54.54	19.29	6.44	1.453	2.804	4.82	8.65	伊：76%，高、绿：24%
大 $ZK_{27}ZH_3$	大桥	泥岩	副坝	55.60	23.38	7.48	0.82	3.54	4.04	7.3	据大 ZK_{16} 孔综合鉴定分析，伊利石占50%，绿泥石、长石、方解石、石英等占45%，蒙脱石、高岭石、多水高岭石总量<5%
大 $ZK_{50}ZH_1$	大桥	泥岩	副坝	52.5	23.70	7.17	0.88	3.60	3.76	7.3	
大 $ZK_{52}ZH_1$	大桥	泥岩	副坝	54.22	25.40	7.71	0.77	3.48	3.62	7.3	
大 $ZK_{53}ZH_1$	大桥	泥岩	副坝溢洪道	53.56	24.00	7.48	0.88	2.81	3.79	7.3	

2　攀枝花市昔格达组地层滑坡特性

根据渡口工业区昔格达地层特性研究的有关资料，归纳出攀枝花市昔格达组的基本特性如下：

（1）渡口昔格达组黏土岩中黏粒含量为 $50\%\sim88\%$，黏土矿物成分以伊利石为主，次为蒙脱土和高岭土，伊利石可达 $66\%\sim82\%$。

（2）岩组具有清晰的水平层理和 1mm 至几毫米的薄层状微层理；产状倾角一般为 $2°\sim16°$；垂直节理或陡倾节理十分发育，有的地段被切割成 $20\text{cm}\times20\text{cm}$ 或 $40\text{cm}\times40\text{cm}$ 砌块状，有的受其他地质作用呈碎块状。

（3）岩石风干状态下迅速崩解，一般在 $4\sim15\text{min}$ 崩解完毕。

（4）"昔层"的抗剪强度在渡口为 $C=60\text{kPa}$，$\varphi>22°$。但是一经滑动，则滑动带土抗剪强度大大降低，滑动带土均为肉红色或灰白色的高塑性黏土，厚度一般为 $1\sim10\text{cm}$，具有明显擦痕，一般 $C=10\text{kPa}$，$\varphi=3°\sim12°$。

（5）根据 28 个"昔层"滑坡资料统计，滑坡有三类：①层顶滑坡，在上覆的坡洪积堆积层与完整的"昔层"接触面上滑动，占 46.4%；②层间滑坡，滑动面位于"昔层"中间，一般是在破碎的"昔层"与完整的"昔层"界面上，占 17.9%；③层底滑坡，当"昔层"较破碎而透水，其底部卧有向临空面倾斜的平滑不透水层时，则沿其与下覆的一冰期地层或基岩顶面滑动，占 35.7%。

（6）据统计区内所发生的 50 余个滑坡，几乎都是由于工程建设活动触发的。在 24 个滑坡触发因素统计中，由切割坡脚产生滑坡的占 66.7%，主滑地段大量堆载，诱发滑坡占 12.5%，施工爆破震动占 20.8%。上述 24 个滑坡中，因降雨或地表水渗入促成的滑坡占 91.6%。

（7）就滑坡规模而言，有特大型滑坡，也有大中型滑坡，小型滑坡比比皆是，滑坡体积达数十万立方米，甚至百万立方米。牵引式滑坡与推移式滑坡的比例大约为 7：3。

3 大桥水库副坝区滑坡特征

（1）根据地勘查明，副坝区共有滑坡 10 个，均为中、浅层滑坡，滑坡厚度为 4～18.77m，规模不大，滑坡体积一般为 1 万～4.5 万 m³，唯Ⅵ号滑坡规模较大，滑体约 26 万 m³，目前滑坡处于基本稳定。

（2）岩组主要为灰色及褐黄色泥岩及砂岩。岩层倾角一般小于 15°，部分地段倾角为 45°～50°。区内滑坡多处于岸坡中上部，前缘均有冲沟切割，存在临空面，地层中发育两组陡倾角构造裂隙，构成了岩体的切割面，又成为地表水渗入岩体的通道。岩体在重力作用下，向临空面产生变形。在低应力的长期作用下，岩体蠕变、变形逐渐增大直至破坏，在地震及暴雨等外因诱发下产生滑动。

（3）区内规模最大的Ⅵ号滑坡发育相对完全，滑动带土主要为黏土、壤土。滑动带中可见镜面、擦痕，滑动带土厚 5～15cm，均为饱和软塑状。据取样试验证实，滑动带土物质组成与昔格达岩组一致，其干密度低于未动之昔格达砂、泥岩。按滑动带土天然密度及含水量控制条件下的重塑土饱和快剪强度 $C=8\sim29$kPa，$\varphi=24°42'\sim28°22'$，与岩组原状样峰值后稳定值强度相当。

（4）在昔格达岩组抗剪强度研究中，用黏粒含量 42%～62% 的泥岩扰动样，以液限含水量控制模拟地层中软弱带，干密度仅 1.13～1.30g/cm³，固结快剪强度 $C=2\sim6$kPa，$\varphi=28°9'\sim29°28'$。在相同制样条件下，残余抗剪强度 $C=8\sim12$kPa，$\varphi=23°2'\sim23°31'$。

4 攀枝花、西昌两地昔格达岩组异同点分析

依据前述两地昔格达岩组基本工程地质特性研究及试验成果，可以得到以下

认识：

（1）两地昔格达层岩石均具有层理及薄层状微层理，倾角较缓。地层中都发育有陡倾角裂隙，而攀枝花市更为发育，以致有的被切割成砌块状。

（2）岩石黏土矿物均以伊利石为主，但攀枝花市岩石伊利石含量更高，同时还有较多的绿泥石、蒙脱石，因而亲水性强，表现在天然含水量高，液限、塑限及塑性指数都远大于大桥昔格达岩石。$<2\mu$ 粒组化学成分含量、硅铝比及 pH 值的差异与矿物鉴定成果关系相符，这是两地岩石差异的内在因素。

（3）大桥昔格达岩组成岩状况优于攀枝花市，表现在岩石密度大，抗剪强度高，压缩系数小，岩石崩解、膨胀、收缩等水理性质方面，大桥昔格达岩石均优于攀枝花市岩石。经胀缩性试验、崩解及干燥-饱和吸水率试验等综合分析，大桥昔格达岩组为弱胶结—中等胶结弱膨胀的软岩，崩解类别为Ⅱ～Ⅲ类。

（4）从两地滑坡规模看，攀枝花市滑坡规模大于大桥昔格达地层滑坡。以滑动带土的性状及强度而言，攀枝花市滑坡发育完全，滑坡要素明显，抗剪强度低，大桥昔格达组都优于攀枝花市昔格达组。攀枝花市"昔层"滑坡的三类情况，实际都是因为存在相对的软弱结构面，加之工程建设活动（主要是切割坡脚、施工爆破等）在水的作用下（雨季）引发而产生滑坡。这与大桥水库副坝区滑坡的形成尚有不同。

5　小结

攀枝花、西昌两地层同属昔格达地层，但大桥水库坝区昔格达岩组各项指标均优于攀枝花市分布之昔格达。

根据昔格达地层出露的高程，在攀枝花市金沙江边为高程 1110m 左右，而在大桥水库出现高程为 2000m 左右。这种高程悬殊，说明当时在川西地区可能存在着几个互不相通的独立湖盆或串珠状湖盆，以致形成差异。

通过对大桥水库坝区昔格达岩组的试验研究，以及对攀枝花、西昌两地昔格达工程特性的对比分析，对大桥水库昔格达工程特性有了明确的认识和结论，对副坝区滑坡采取必要的工程处理措施，在昔格达地层上建坝是可行的。

>>>

第三部分　病害工程处理及研究

四川省中小型水库均质土坝安全评价值得注意的问题[*]

陆恩施

摘　要： 均质土坝的安全评价是工程整治关键性环节。如何科学地作出均质土坝的安全评价，直接关系到工程的安全。本文以多个工程实例，阐明了四川省均质土坝状况及存在的问题，指出大坝安全鉴定工作中需要重视的方面，同时对大坝安全评价中的勘察试验工作提出了具体建议，为相关部门对均质土坝的安全评价工作提供借鉴。

关键词： 均质土坝；土料特性；压实度；固结抗剪强度；渗流排水

当前四川省正大规模开展对中小型病害水库的整治工作，大量的均质土坝是病害水库的主体，如何作好均质土坝的安全评价是工程整治关键性环节。众多的中小型水利工程为四川省经济发展作出了重大贡献，但由于历史原因、科学技术水平及经济条件的限制，许多工程也存在不同程度的病害，不能发挥应有的效益，为了保证工程的安全，充分发挥中小型水库的效益，为此国家加大了投入，病险水库除险加固是四川省当前水利建设的当务之急。为确保病险水库除险加固工作任务的完成，作好水库工程安全评价至关重要。笔者多年接触土石坝工程的勘察设计、评价及整治工作，深有感触，现就有关问题提出一些意见供同行参考，不妥之处望指正。

1　四川省早期均质土坝普遍存在的问题

（1）早期水利工程建设中，更多的是"三边"工程，由于客观条件，多数工程没有进行必要的勘察试验工作，缺少完整的勘察设计资料，甚至无技术资料档案可查。

（2）由于施工技术水平落后，施工中坝基清理往往不彻底，并且因处理不当给工程留下隐患。

（3）对填筑土料性质认识不足，多数工程主要是采用了不符合均质土坝用料质量技术标准的膨胀性黏土，这是四川省部分均质土坝产生病害的本质原因。这

＊ 本文发表于《四川水利》2008 年第 4 期。

类土的特性是遇水膨胀、失水收缩、透水性微弱、抗剪强度低。部分工程特性指标列于表1。对土料性质的认识不足，是四川省水利工程界一个普遍存在的问题，工程施工中就滑坡的实例很多。如20世纪50年代末修建巴中化成水库均质土坝、70年代修建邻水肖家沟及道朝门两个水库均质土坝都是在施工过程中产生了滑坡。类似的工程滑坡事例还有很多。

表1　　　　　　　　　　　部分工程坝体土料特性指标

项目	颗粒密度	塑性指数	黏粒含量/%	自由膨胀率/%	体缩率/%
技术标准		7~17	10~30		
肖家沟水库			49.4	49.1	44.3
道朝门水库			47.7	52.8	18.8
化成水库	2.71	23.3	28.1~44.0	30.5~51.5	4.9~32.2
党仲水库	2.72	18.2	38.7~46.6	25~43	10.3~23.5
开天观水库	2.74	20.5	30.6~40.1	46	12.8
光荣水库	2.75	20.6	29.7~43.2	33~41	13.1

注　自由膨胀率≥40%、体缩率≥8%为膨胀土。

（4）施工机具功能低下、土的压实标准偏低是一个普遍存在的问题。在许多工程整治过程中检测发现，含水率控制过高，压实干密度低，碾压不均匀，填筑质量差，以至于这些工程建成运行已达数十年后的今天，检测干密度还不能完全达到满足目前《土石坝设计规范》（SL 274—2001）的填筑标准。部分均质坝干密度与标准击实最大干密度比较成果列于表2。

表2　　　　　　　　　干密度与标准击实最大干密度比较

工程名称	坝体原状土		标准击实		压实度	统计时期
	干密度/(g/cm³)	含水率/%	最大干密度/(g/cm³)	最优含水率/%		
化成水库	1.63	22.9	1.70	17.8	0.96	工程运行37年
党仲水库	1.58~1.62	24.3~25.4	1.70~1.73	17.0~18.0	0.93~0.94	工程运行35年
开天观水库	1.58~1.67	20.8~23.8	1.69	18.7	0.93~0.99	工程运行30年
光荣水库	1.64	22.6	1.74	17.5	0.94	工程运行40年

现行《土工试验规程》（SL 237—1999）标准击实仪单位功能为592.2kJ/m³，属轻型击实标准。当今实践经验证实，通常使用的13.5t振动碾碾压效果均能超过标准击实的最大干密度值，因而大型工程已将标准击实的最大干密度值作为设计控制指标。中、小型工程根据坝高及工程重要性，也应采用相对较高的压实度。

（5）对工程设置反滤排水系统的重要性认识不深。反滤排水系统的设计及施工质量控制较差，排水效果不良，更有工程建成后人为活动造成排水棱体功能失效。如在棱体下填土种植庄稼或修建养鱼池等，致使均质土坝下游坡面经常出现大面积坡面散浸渗流的病害现象。

（6）由于多数工程采用了黏粒含量高的膨胀性黏土，其透水性微弱，加之坝体排水系统失效，均质土坝大部分处于饱和状态，坝体土排水固结条件丧失，因而大坝运行数十年仍然没有固结，检测干密度至今达不到《土石坝设计规范》（SL 274—2001）的填筑标准就是有力的证明。如某水库经对坝体原状土标准固结试验及计算研究分析，30m 厚土体运行 50 年固结度还达不到 50％。

（7）由于工程等级较低、管理水平及经费等多种原因，多数工程没有监测设施和观测资料，给工程管理、监测及大坝病害分析带来困难。少数中型水利工程有较长的观测资料，但因没有专门及时地整理分析，也未能给工程管理提供支持。

2 大坝安全鉴定工作中需要重视的问题

（1）选择恰当合理的勘探及试验方法，为大坝安全评价提供依据。鉴于历史原因，众多工程没有对坝体填筑土料进行勘察和试验研究，因此对大坝进行勘测和试验，获取符合工程实际的参数是完全必要的。但在近年来的实际工作中，由于经费和其他原因，仅在坝坡表层（坑深 1～1.5m）取样进行土工试验，除去因表层取样能否代表整个坝体土料性状外，还因表层土可能因失水收缩土体产生的微裂隙，造成测试的渗透系数偏大（正如某些工程反映出这种高黏粒含量的黏土渗透系数达 $A \times 10^{-4}$cm/s 的反常现象）所带来的风险。

（2）根据《水库大坝安全评价导则》（SL 258—2000），土石坝工程质量评价，复查重点是填料的压实干密度和相对密度合格率，这就要求采用现行规范标准分析评价原大坝质量。但在四川省中小型水库大坝安全评价中，很少用现行规范标准评价均质坝填筑质量，在没有进行标准击实试验的情况下是不能作出合理评价的，因此应引起重视。

（3）在土石坝工程结构安全评价中，大坝变形性状及坝体沉降是否稳定是评价的重点之一。然而在大坝安全评价中，众多的中、小型水库工程没有安排固结试验研究坝体土的固结情况，少有的变形监测资料也缺少分析研究，不能对大坝固结状态作出应有的评价。因此在没有变形监测资料时，查明坝体现状是土石坝结构安全评价的关键。

（4）《水库大坝安全评价导则》（SL 258—2000）指出，大坝稳定性复核计算的工作条件按现行规范执行，并应采用大坝现状的实际环境条件和水位参数。而在众多的工程中，一律采用天然状态下固结快剪强度和饱和状态下固结快剪强度指标，在已运行多年的均质土坝设计计算中使用的合理性有待商榷。首先，在原均质土坝并未完成固结的条件下，采用固结快剪强度指标将带来严重后果，如某水库大坝加高培厚过程中产生下游坡沿原坝体内的滑坡就是例证（经复核采用固结快剪强度指标是不会产生滑坡的，而采用原状土快剪强度指标则与实际情况相符）。其次，经多年运行的老均质土坝，与现行规范标准设计及先进施工水平条件下的新建工程是不同的。当今工程设计理论及施工水平已有很大的发展，无论在防渗、反滤、排水等诸方面已有成熟的理论和施工技术，保证了大坝运行土体固结的实现。历史上的老均质土坝，则正如前面所阐述的病害及存在问题，其原状土快剪强度指标实际上代表土坝运行多年固结性状时的强度，如若在没有新增加荷载和排水的情况下，则无进一步固结的条件。某水库原均质土坝，1982年、2003年曾两次当水库水位接近正常蓄水位时，分别产生了右岸坝体内、外坡及左岸外坡的滑坡，说明该均质土坝在正常蓄水位时是不安全的。设定正常蓄水位时大坝处于临界稳定状态，此时安全系数 $F_s = 1.0$，反演分析求得坝体土的抗剪强度指标 $\varphi = 7.2°$，$C = 35$kPa；而勘察中试验求得坝体原状土平均快剪强度指标 $\varphi = 8.1°$，$C = 31$kPa，两者相吻合，再次证明上述观点。

（5）均质土坝渗流安全，重点应复核坝体实际浸润线、反滤排水设施是否完善。而在实际上往往忽视堆石棱体及排水反滤系统的勘察，在没有论证排水反滤系统可靠性的情况下，采用棱体渗透系数 8×10^{-2}cm/s，以至于工程实际上在下游坡面湿润渗流，却得出浸润线不会由下游坡面渗出的错误结论。

3　大坝安全评价中的勘察试验工作

（1）勘察试验工作的必要性。如前所述，由于早期均质土坝的建设缺乏必要的勘察工作，同时受设计、施工水平的限制，普遍存在着质量问题，要正确评价大坝的安全性，勘察试验工作必须认真进行。

（2）勘察、试验工作的布置。在勘察试验工作安排上，除了通常的工作内容外，尚应包括：①坝体土料的击实试验，用以评价原坝体的填筑标准及质量；②坝体原状土天然状态快剪试验，用以获得坝体实际固结状态下土的抗剪强度；③必要时少量标准固结试验，用以评价坝体土的固结情况；④认真查明反滤排水系统是否可靠。

某均质土坝病害剖析和参数选取*

孙　陶　高希章　陆恩施

摘　要： 某均质土坝的观测资料显示，大坝建成 30 多年坝体主固结变形并没结束，进而据坝体原状土样的物理力学性试验表明，该均质土坝筑坝土料差，填筑标准较低，排水褥垫排水功能失效，使坝体不能有效固结。又据坝体固结时间计算表明，建成大坝至今，距坝面 15m 范围内固结度为 80%～90%，随着距坡面距离的增大固结度减小，坝体底部轴线部位的固结度低于 40%。最后指出，查明坝体工程病害原因，按实际情况选取设计参数和确定处理措施，才具有根治工程病害的合理性。

关键词： 均质土坝；病害；固结；蠕变；填筑标准

由于对土的物理力学性质认识水平、施工技术条件等限制，20 世纪 60—70 年代修建的均质土坝多存在不同程度的滑坡、漏水、塌陷、裂缝等病害，主要原因是采用了不符合作为均质土坝筑坝材料的土料、填筑质量失控。对这类均质土坝进行病害整治时，要查明坝体建成后的运行情况、填筑土料的性质和固结情况，选用合理的计算参数和整治方案。本文通过对某均质土坝病害性状的剖析，为这类坝体病害整治提供有益借鉴。

1　某大坝病害概况

某均质土坝最大坝高 33m，坝顶宽 7.0m，坝顶轴线长 169.2m，于 1970 年冬动工，1971 年春建成投入运行。1974 年首次蓄水到正常水位 505.5m 时，下游坡面出现大面积渗漏，浸润线遂提高到第二马道；1986 年大坝灌浆处理后，发现左坝肩有沉陷裂缝产生，到 1996 年裂缝扩展到宽几厘米、长 30m 左右。1997 年 9 月，在内外坡发现四处黑翅土白蚁巢，主蚁道 3cm×3cm～5cm×5cm，有 10～20 条穿透坝体。1998 年削坡减载降低坝高 1m，坝顶宽由 7m 减至 4.7m，用防浪墙填补到原高程 510m。2000 年 7 月安全鉴定评定为二类坝。工程整治设计中，结合供水要求，大坝加高 4m，2006 年在扩建过程中坝体下游发生滑坡。

＊本文发表于《四川水利》2009 年第 1 期。

2　土坝变形观测资料分析

1975年设桩开始对坝体进行变形观测。坝顶内排点和坝面内坡测点为坝轴线上游测点，反之为坝轴线下游测点。土坝竣工后第一年沉降量最大，5～6年后沉降趋于稳定。若年单位坝高沉降量小于或等于0.2mm/（m·a），则认为坝体沉降基本稳定。由表1可知，坝体建成至今已30多年，沉降量仍远大于0.2mm/（m·a），说明大坝至今尚未达到主固结稳定。根据表2，大坝沉降有随时间增长变形逐渐减小的趋势，至今未稳定。表3说明坝体年单位坝高沉降量随库内高水位的增高而增大。表4为沉降与水平位移关系统计资料。

表1　　　　　　　　　　　　位移观测统计资料

观测位置	总沉降量/mm	坝体变形/mm			平均年沉降量/（mm/a）	平均年单位坝高沉降量/[mm/（m·a）]
		1976—1983年沉降量	1983—1998年			
			沉降量	水平位移		
A1-4（坝顶内排点）	412	173	239	113	18.7	0.567
A1-4（坝顶外排点）	343	82	261	28	15.5	0.47

表2　　　　　　　　　　　　沉降随时间变化统计资料

观测日期/（年-月）	沉降/mm	年单位坝高沉降量/[mm/（m·a）]	说　明
1976-04—1977-06	52	1.35	建成5～6年仍有较大沉降
1977-06—1979-06	57	0.863	变形有所下降，但仍较大
1985-06—1986-03	15	0.606（灌浆前）	大坝因灌浆而增大变形
1986-03—1987-10	33	0.625（灌浆后）	
1993-06—1997-06	30	0.23	变形进一步减小，但仍未稳定

表3　　　　　　　　　　　　沉降与库水位关系统计资料

观测日期/（年-月）	高水位运行				沉降/mm	年单位坝高沉降量/[mm/（m·a）]
	日期	历时/d	库水位/m	高于正常水位/m		
1977-06—1979-06	1978-11-09—1978-12-30	51	506.72	1.22	57	0.863
1979-06—1980-06	1979-12-18—1979-12-22	4	506.90	1.40	40	1.21
	1980-01-01—1980-01-11	10	506.88	1.38		

续表

观测日期 /（年-月）	高水位运行				沉降 /mm	年单位坝高沉降量 /[mm/(m·a)]
	日期	历时/d	库水位/m	高于正常 水位/m		
1988-03—1989-11	1988-10-09— 1988-10-30	21	506.35	0.85	38	0.694
	1989-01-04— 1989-01-28	24	506.25	0.75		

表 4　　　　　　　　　　　　　　沉降与水平位移关系统计资料

观　测　位　置		1984—1998 年坝体变形/mm		水平变位/沉降量 /%
		沉降量	水平位移	
坝顶内排点	A1-4	239	113	47.3
	A1-5	206	102	49.5
坝面内坡马道	A3-2	36	80	222.0
	A3-3	172	140	81.4
	A3-4	212	198	93.4
坝面外坡	A4-2	34	37	109.0
	A4-3	58	53	91.2
	A4-4	67	51	76.1

由表 4 可知，沉降变形大相应水平变位亦较大。位于坝顶水平位移占沉降的50％左右。而位于坝面的内、外坡测点，水平变位与沉降量比值远大于50％，表明坝体存在蠕动变形现象。同时，内坡变形绝对值都大于外坡，说明坝体土料性质受库水浸泡影响较大。

根据观测资料初步认为，坝体建成运行 30 多年，随时间增长变形逐渐减小但并未停止，尚未达到主固结稳定；随着时间的延续，沉降及水平变位还将继续增大。上、下游坡除沉降变形不断增加外，水平变位亦增大，坡面水平变位与沉降量比值远大于50％，表明坝体存在蠕动变形现象；上游水平变位值大于下游，说明坝体变形在水压作用下不仅未受到抑制，反而因水的作用坝体浅层存在膨胀软化，强度进一步降低。

3　坝体土的物理力学特性

3.1　坝体土料的基本物理指标

坝体土基本物理试验成果统计见表 5。根据《水利水电工程天然建筑材料勘察规范》（SL 251—2000），该坝体填土黏粒含量已超过均质土坝黏粒含量10％～

30％的标准，甚至大于防渗体土料黏粒含量小于40％的标准，同时其塑性指数超过17的质量标准。因此，原坝体使用的土料不符合均质土坝用料的质量指标，这是该均质土坝出现病害的根本原因。

表5   坝体土基本物理试验成果统计

坝体部位	比重	天然状态				界限含水率			颗粒组成/％			通俗土名称
		含水率/％	干密度/(g/cm³)	孔隙比	饱和度/％	W_L/％	W_P/％	I_P	>0.075/mm	0.005~0.075/mm	<0.005/mm	
上游	2.72	22.9	1.64	0.659	94.1	36.5	18.3	18.2	6.8	50.8	42.4	粉质黏土
下游	2.70	25.8	1.57	0.720	96.8	42.2	23.5	18.7	2.9	51.2	45.9	粉质黏土
下游坝体滑动带	2.74	36.5*	1.34	1.045	95.7	43.5	21.5	21.9	3.7	51.1	45.2	粉质黏土

* 试样控制指标。

坝体土料根据《土工试验规程》（SL 237—1999），轻型击实获得的最大干密度可达1.74g/cm³，而该均质坝体压实度仅为0.81~0.94，远未到相应工程等级所需设计标准，坝体填筑干密度偏低，并未充分固结。上游坝体钻孔是在库水位较低时进行的，无论是低水位时的上游坝体还是高水位时的下游坝体，原状土样饱和度均超过90％，处于基本饱和的状态，说明坝体排水条件很差，这是坝体不能完成主固结的原因。

3.2 坝体土的胀缩特性

对钻孔ZK_{21}~ZK_{24}号原状土共10组进行膨胀、收缩试验，其统计成果见表6。由表6可知，部分坝体土料的自由膨胀率已达到膨胀土（40％）的标准，本次勘探查明，上游坡局部浅层已呈膨胀软化。坝体原状土样平均膨胀力为0.0209MPa，最大值0.0379MPa。原状土体缩率平均值16.7％，最大值为23.5％，已超过胀缩土体缩率8％的标准。本工程均质坝体属以收缩为主的弱膨胀性土体，坝体土料失水收缩产生裂缝亦是应予重视的问题。

表6   土膨胀、收缩试验成果统计

统计值	自由膨胀率/％	天然含水量/％	收缩				膨胀		
			天然干密度/(g/cm³)	缩限/％	体缩率/％	收缩系数	天然含水量/％	天然干密度/(g/cm³)	膨胀力/MPa
范围值	24.5~43.0	20.5~27.4	1.53~1.71	11.6~18.7	10.3~23.5	0.18~0.60	20.0~31.4	1.45~1.72	0.0048~0.0379
平均值	33.7	24.0	1.62	15.1	16.7	0.45	23.1	1.64	0.0209

根据《碾压式土石坝设计规范》（SL 274—2001），对使用膨胀土的控制条件

是，受水浸泡的坝体应加以保护，设置必要的保护层（压重与保湿）。

3.3　坝体土的抗剪强度

坝体原状土样抗剪强度试验成果统计见表7。由试验成果可知，天然状态快剪指标低于饱和固结快剪指标，土体含水量大，饱和度高，固结后原状土样的抗剪强度大幅度提高，说明坝体填筑密度较低，多年运行土体并未充分固结。

表7　　　　　坝体原状土样抗剪强度试验成果统计

坝体部位	天　　然　　状　　态			直　接　剪　切		
	含水率/%	干密度/(g/cm³)	饱和度/%	试验方法	C/MPa	φ/(°)
上游	22.9	1.64	94.1	Q	0.058	7.1
				CQ	0.057	14.7
				S	0.011	24.6
下游	25.8	1.57	96.8	Q	0.032	14.0
				CQ	0.038	17.7
				S	0.019	24.7

4　原坝体固结状态分析

4.1　饱和土体的固结机理

土的固结过程就是土在荷载作用下压缩量随时间增长的过程，土体密度与强度随之增大。饱和土的固结，主要是在外荷载作用下土的孔隙水被挤出，土的孔隙体积减小所引起。孔隙中自由水的挤出速度主要取决于土的渗透性和厚度，渗透系数越低或土体越厚，孔隙水挤出所需的时间就越长。这种与自由水的渗透速度有关的饱和土固结过程称为渗透固结或主固结。饱和土的渗透固结，就是土中孔隙水压力 u 向有效应力 σ' 转化的过程，或者是孔隙水压力消减与有效应力增长的过程。只有有效应力才能使土的骨架产生压缩。土体中某点有效应力的增长程度，反映该点土的固结完成程度。孔隙水压力的产生通常有以下两种情况：一是孔隙水压力由水自重形成的渗流场产生，这一类的一个基本特点是土体的骨架保持不变；二是由作用在土体单元上的总应力发生变化导致，这种情况仅发生在压缩性较大、渗透系数较小的土体中，往往发生在饱和土体上快速填筑和土坝库水位骤降的情况。此外，土随时间的固结过程还与土粒骨架蠕变性能、矿物颗粒的重新排列和自身变形以及土粒间薄膜水的黏滞性等有关，这些因素所决定的固结过程称为次固结。上述两种固结过程不能截然分开成两个阶段，随着主固结的逐步完成，次固结也就开始。

4.2　原坝体固结条件

（1）原坝体填筑料为粉质黏土和黏土，黏粒含量大部分大于40%，超过均质坝土料对黏粒含量的要求，坝体土属以收缩为主的弱膨胀土。

（2）原坝体原状土渗透系数垂直向为 $A \times 10^{-7} \sim A \times 10^{-8}$ cm/s，水平向基本为 $A \times 10^{-6} \sim A \times 10^{-7}$ cm/s，所以原坝体具微透水性—极微透水性。

（3）据钻探揭示，原坝体内排水系统基本失效，坝体固结只能向坡面单向排水。

（4）由于坝体长期高水位运行，坝体基本饱和，且水位降落幅度不大。因此，坝体绝大部分处于水位以下，坝体实际是在浮容重条件下固结，所以坝体固结应力低，坝土体总应力变化微小。

4.3 坝体固结时间粗略计算

假定坝体为单向固结，根据太沙基固结度解析公式[1]：

$$U_t = 1 - \frac{8}{\pi^2} \sum_{M=1}^{\infty} \frac{1}{M^2} e^{-M^2 \frac{\pi^2}{4} T_v} \tag{1}$$

式中：U_t 为固结度；e 为孔隙比；T_v 为时间因数。

由于式（1）中级数收敛速度很快，当 T_v 相当大时取其第一项，即

$$U_t = 1 - \frac{8}{\pi^2} e^{-\frac{\pi^2}{4} T_v} \tag{2}$$

可见，固结度 U_t 仅为时间因数 T_v 的函数，即

$$U_t = f(T_v) \tag{3}$$

时间因数 T_v，与固结系数 C_v 最大排水距离 H（cm）和固结时间有如下关系：

$$T_v = \frac{C_v}{H^2} t \tag{4}$$

固结度 U_t 仅为时间因数 T_v 的函数，在知道固结时间因数 T_v 与固结系数 C_v 最大排水距离 H（cm）时，可求得土体达到的固结度所需要的固结时间。

本工程坝体可认为在自重作用下固结完成，其坝坡小于 1:2，因此坝基面积很大坝体厚度相对于坝基较薄（$H/B < 0.5$），可以采用式（4）计算固结时间。

固结度 90% 时 $(T_v)_{0.90} = 0.848$，固结度 50% 时 $(T_v)_{0.50} = 0.197$，固结系数、固结度和排水距离关系如下：

$$C_v = \frac{0.848(\overline{h})^2}{t_{90}} \tag{5}$$

$$C_v = \frac{0.197(\overline{h})^2}{t_{50}} \tag{6}$$

式中：$\overline{h}$ 为最大排水距离，等于某一压力下试样的初始与终了高度的平均值之半，本工程原坝体实际情况为单向排水，因此取实际计算厚度，cm；t_{90} 为固结度达 90% 所需的时间，s；t_{50} 为固结度达 50% 所需的时间，s。

据原坝体上游钻孔样标准固结试验，其平均值统计见表 8，说明固结度为 90% 时，固结压力越大固结系数越小，固结时间越长。

表 8 标 准 固 结 试 验 统 计

P/MPa	0	0.0125	0.025	0.05	0.1	0.2	0.4	0.8	1.6	3.2
e	0.660	0.651	0.641	0.635	0.618	0.595	0.559	0.515	0.485	0.428
A_v/MPa^{-1}	0.720	0.760	0.264	0.342	0.223	0.181	0.111	0.037	0.0036	
E_a/MPa	2.31	2.17	6.22	4.78	7.25	8.84	14.04	40.41	41.68	
C_v/($\times 10^{-3}$cm^2/a)	4.170	3.710	2.758	2.254	2.016	1.307				
t_{90}/min	2.9	4.4	7.8	10.1	12.9	20.5				

设定垂直固结应力为土体容重与土层厚的乘积,即 $P = \gamma h$,原坝体土体干容重上游平均值为 1.64g/cm^3,下游平均值为 1.57g/cm^3;浮容重分别为 1.04g/cm^3 和 0.99g/cm^3。由于坝体基本饱和,坝体长期高水位运行,水位降落幅度不大,因此坝体大部分处于水位以下,坝体实际是在浮容重条件下固结,计算垂直固结应力时都应采用浮容重。

根据表 9 的计算可知:①相同固结度时,土层越厚需要的固结时间越长。②相同土层厚度时,固结度越大需要的固结时间越长。③建成至今 30 年左右,坝体未完全固结。其中,坝体土层厚为 15m 时固结度为 80%~90%,为 20m 时固结度为 70%~80%,为 25m 时固结度约为 50%,为 30m 时固结度约为 40%,为 30m 以下固结度为 30%~40%。④50 年以内坝体土层厚为 20m 固结度不能完全达到 90%,为 25~30m 固结度不能完全达到 60%,为 33m 以上固结度不能完全达到 50%,越往坝体内部坝土体固结度越低。

表 9 固 结 时 间 计 算 成 果 单位:min

坝土体厚/m		5	10	15	20	25	30	33
垂直压力/MPa	上游	0.051	0.102	0.153	0.204	0.255	0.306	0.337
	下游	0.049	0.097	0.146	0.194	0.243	0.291	0.320
C_v/($\times 10^{-3}$cm^2/s)		2.758	2.254	2.016			1.307	
t_{10}(y)		0.023	0.113	0.283	0.503	1.213	1.751	2.114
t_{20}(y)		0.089	0.436	1.097	1.950	4.701	6.769	8.190
t_{30}(y)		0.204	0.999	2.513	4.467	10.766	15.503	18.759
t_{40}(y)		0.362	1.773	4.459	7.927	19.106	27.513	33.290
t_{50}(y)		0.566	2.771	6.972	12.395	29.872	43.016	52.049
t_{60}(y)		0.825	4.037	10.157	18.057	43.519	62.668	75.828
t_{70}(y)		1.158	5.669	14.263	25.356	61.109	87.997	106.476
t_{80}(y)		1.629	7.977	20.133	35.674	85.977	123.807	149.806
t_{90}(y)		2.437	11.930	30.011	53.353	128.586	185.164	224.048

综上所述，该均质坝体土料呈微透水性—极微透水性、长期高水位运行水位变化幅度不大、总应力变化微小、排水系统失效使得坝体多年运行未完成主固结。

5 设计参数选取和验证

5.1 设计参数选取

根据《碾压式土石坝设计规范》（SL 274—2001），黏性土渗透系数小于10^{-7}cm/s，施工期总应力法采用快剪指标；稳定渗流期和水位降落期，有效应力法采用慢剪指标；水位降落期总应力法采用固结快剪指标。本工程在扩建加坝设计中，充分考虑原均质土坝渗透系数偏低、压实密度偏低、30多年的运行未完成固结的实际状态，有效应力法采用慢剪指标和总应力法固结快剪指标都不符合坝体实际情况。因此，稳定计算时应采用快剪指标。

5.2 设计参数验证

坝体滑坡后通过勘探确定实际滑裂面的位置，设定滑裂面处于临界稳定状态，即安全系数$F_s=1.0$，由于滑裂面已经错动，假定滑裂面土的凝聚力$C=0.0$。计算得到滑裂面安全系数与抗剪强度φ满足的关系为：$F_s=0.0787\varphi-0.0305$（图1）。得到滑裂面土的抗剪强度为$C=0.0$、$\varphi=13.1°$。由表7下游土体快剪抗剪强度指标为：$C=0.032$MPa，$\varphi=14.0°$，考虑滑裂面错动、取样和试验排水控制等条件的影响，二者基本吻合。

因此，稳定计算时应采用快剪指标是合理的。

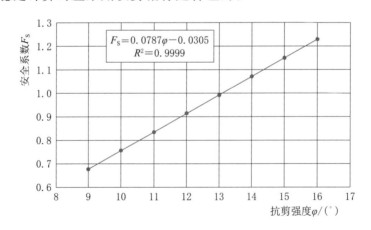

图1 滑面抗剪强度φ反分析

6 结语

均质土坝进行病害整治切实有效的方法是：搞清坝体建成后的运行情况，利用正确的勘探试验手段查明填筑土料的物理力学性质和坝体固结情况，选用反映坝体实际情况的试验参数，确定整治处理方案。避免主观认为通过长时间运行坝体固结完成，而选用不符合实际条件的参数进行设计，这样才能保证工程病害得到彻底整治。

参考文献

[1]　钱家欢，殷宗泽．土工原理与计算［M］．北京：中国水利电力出版社，1996．

某水库扩建工程设计的思考

陆恩施

　　某水库位于青衣江水系安溪河上游，大坝于 1970 年动工，经一个冬春，于 1971 年春全面完成主体工程，枢纽距县城约 18km。大坝为均质土坝，最大坝高 32m，坝顶宽 7.0m，坝顶轴线长 169.2m，水库控制集雨面积为 17.8km^2，总库容 882 万 m^3，是一座以灌溉为主，兼顾场镇及乡村人畜供水的小（1）型水库。

　　大坝于 1971 年春建成，同年投入运行，至 1974 年第一次蓄水到正常水位 505.5m。出现下游坡面大面积渗漏，浸润线遂提高到第二马道，1986 年，大坝进行了灌浆处理。灌浆处理后，发现左坝肩有沉陷裂缝产生，至 1996 年裂缝宽扩展达到几厘米，长达 30m 左右。1997 年 9 月重庆白蚁防治研究所对大坝检查发现，大坝内外坡黑翅土白蚁建蚁巢四处，主蚁道 3×3～5×5cm 有 10～20 条穿透坝体，为危害严重的水库之一。1998 年处理大坝病害，削坡减载降低坝高 1m，坝顶由 7m 减至 4.7m，用防浪墙填补到原高程 510m。

　　2000 年 7 月某水库大坝安全鉴定，评定大坝为二类坝。

　　按照该水库扩建的设计报告，扩建大坝在原坝顶上加高 4.8m，最大坝高 36.8m，扩建后水库总库容为 1190.6 万 m^3。2002 年扩建工程动工，2005 年年底完成原坝体的帷幕灌浆，2006 年 3 月底完成大坝下游排水棱体填筑和坝体表层削坡，同时进行坝体下游培厚填筑，至 2006 年 6 月 21 日，填筑至原坝顶高程（509.00m）。6 月 24 日，大坝下游坝体主河床段约 80m 长的坝坡整体下滑 5～7m，坝顶处形成约 4m 的垂直陡坎，下滑方量约 5 万 m^3。

　　根据土石坝设计规范，这就是一项扩建加高工程。设计规范指出进行扩建加高设计时，应分析原坝体的原型观测资料，并对原坝体进行勘探、试验，了解坝体的质量和安全状况，作为扩建加高设计时的依据。对照规范的要求，对设计工作有哪些值得思考的呢？当设计人员拿到《大坝安全鉴定报告》《扩建工程原坝体土样和筑坝材料试验研究报告》这两份报告时，是怎么进行工作的呢？这就需要设计人员自己总结了。这里就技术上的一些问题谈一点看法，不一定正确，供大家参考。

1　对某水库大坝安全鉴定报告的评价

　　水库大坝安全评价导则在土石坝工程质量评价中就指出，复查重点是填料的压实干密度和相对密度合格率以及填料的强度、变形及防渗排水性能是否满足规范要求，防渗体和反滤排水体是否可靠，以及坝坡是否稳定。在这方面《大坝安全鉴定报告》存在如下问题：

（1）不恰当的勘探及试验方法成果误导了大坝安全评价。2000年7月原研究单位对原坝体采取在上、下游坡表层挖坑（坑深仅1～1.5m）取样七组进行土工试验，在这个条件下存在着：①表层土能否代表整个坝体土料性状？②是否存在天然状态下土体固结的可能，安排天然状态下固结快剪？③以此为根据提出的设计参数可能与实际不符。如土的渗透系数（渗透系数最大值3.22×10^{-4}cm/s，最小值1.34×10^{-5}cm/s，平均渗透系数1.44×10^{-4}cm/s，这一指标表示该坝料完全符合均质坝用料标准）、天然状态下固结快剪强度等。

（2）对坝体填筑土料性质认识不足。原工作单位的土工试验报告成果，已反映出土的液限、塑性指数、黏粒含量等都已超过均质土坝用料质量标准，但并未对大坝状况进行综合分析，也没有对坝料指标之间的合理性作出正确的评价。如当黏粒含量超过30%、塑性指数大于20的黏土，渗透系数为1.44×10^{-4}cm/s量级，是有矛盾的，这是否与表层土样存在着细微裂隙或试验质量有关。

（3）排水反滤的可靠与否并未勘察。在没有勘察的情况下采用堆石排水体渗透系数8.0×10^{-2}cm/s。

（4）没有研究和分析报告中的原坝体的原型观测资料，只是笼统地看变形趋势而认为坝体变形已趋于稳定。

事实上据大坝安全鉴定论证报告，大坝于1972年建成运行，于1975年设桩开始观测，A1为坝顶内排测点；A2为大坝顶外排测点；A3为内坡马道测点；A4为外坡3马道测点；A5为外坡2马道测点。

依据大坝沉陷、位移观测资料统计分析，设于坝顶的A1-4（内排点）及A2-2（外排点）变形值最大。A1-4（基数高程510.024m）由1976年4月19日至1998年3月31日总沉降量为412mm（1983年前为173mm，1983—1998年为239mm，同期水平位移为113mm）；A2-2（基数高程509.935m），总沉降量为343mm（1983年前为82mm，1983—1998年为261mm，同期水平位移为28mm）。A1-4平均年沉降量为18.7mm/a，平均年单位坝高沉降量为0.567m/(m·a)；A2-2平均年沉降量15.5mm/a，平均年单位坝高沉降量为0.47mm/(m·a)。

一般认为，土坝竣工后的第一年沉降量最大，5～6年后沉降趋于稳定，若单位坝高沉降量小于或等于0.2mm/(m·a)，则坝体沉降基本稳定。然而水库均质土坝自建成后至今已30多年，年平均单位坝高沉降量仍远大于0.2mm/(m·a)的稳定标准，说明大坝至今尚未达到主固结稳定。

分析大坝运行以来的变形资料，大坝变形有以下特征：

1）大坝沉降有随时间增长变形逐渐减小的趋势，但至今并未稳定。①1976年4月至1977年6月，A1-4沉降52mm，年单位坝高沉降量1.35mm/(m·a)，即建成5～6年仍有较大沉降量。②1977年6月至1979年6月，变形57mm，年单位坝高沉降量0.863mm/(m·a)，变形有所下降，但仍较大。③1993年6月至1997年6月，沉降30mm，年单位坝高沉降量0.23mm/(m·a)，变形进一步减小，但仍未稳定。

2）大坝变形受库内高水位及持续时间长而增大。①1977年6月至1979年6月，沉降57m，其间1978年11月9日至12月30日共51d，水位为506.72m，高于正常水位1.22m，年单位坝高沉降量0.863mm/(m·a)。②1979年6月至1980年6月1年沉降40mm，其间1979年12月18—22日库水位为506.9mm，高于正常水位1.4m，在最高水位下持续4d；1980年1月1—11日，库水位为506.88mm，高于正常水位1.38m，在高水位下持续10d，年单位坝高沉降量为1.21mm/(m·a)在持续高水位情况下，变形量增大。③1987年10月至1988年3月，沉降3mm，单位坝高沉降量为0.18mm/(m·a)，而1988年3月至1989年11月，沉降38mm，其间1988年10月9—30日，共21d库水位为506.35m，高于正常水位0.85m；1989年1月4—28日24d库水位为506.25m，高于正常水位0.75m，年单位坝高沉降量增大为0.694mm/(m·a)，表明在低水位时变形量小，高水位时变形量增大。

3）大坝灌浆也增加坝体变形量。1985年6月至1986年3月，变形15mm，单位坝高沉降量为0.606mm/(m·a)，1986年大坝进行充填灌浆处理，1986年3月至1987年10月变形33mm，单位坝高沉降量为0.625mm/(m·a)，大坝因灌浆而增大变形。

4）沉降变形与相应水平位移比较。①位于坝顶的A1-4在1984—1998年沉降239mm，同期水平位移113mm，水平位移是沉降量的47.3%；A1-5沉降206mm，水平位移102mm，水平位移是沉降量的49.5%。②位于内坡马道的A3-3，沉降212mm，水平位移198mm，水平位移是沉降的93.4%；A3-4沉降172mm，水平位移140mm，水平位移是沉降的81.4%；而A3-2沉降36mm，水平位移达80mm，水平位移是沉降的222%。③位于外坡的A4-3，沉降58mm，水平位移53mm，水平位移是沉降的91.2%；A4-4沉降67mm，水平位移51mm，水平位移是沉降的76.1%；A4-2沉降34mm，水平位移37mm，水平变位是沉降的109%。

上述表明，位于坝顶的测点，水平位移占沉降的50%左右，而位于坝面的内、外坡测点，水平变位与沉降量比大于坝顶部，同时内坡变形绝对值都大于外坡，说明坝体土料受库水作用而产生较大影响。

综合对大坝变形观测资料的分析，可初步得出以下结论：①水库原均质土坝建成运行30多年，变形并未停止，坝体填土尚未达到主固结稳定。②坝体随着新的荷载增加及时间的延续，坝体沉降变形及水平变位还将继续增大。水库低水位运行时，变形相对较小。③坝体上、下游坡除沉降变形不断增加外，水平变位亦增大，部分测点水平变位大于沉降变形，表明坝体存在蠕动变形现象；同时上游观测点水平变位值大于下游，说明坝体在水压作用下不仅未受到抑制，反而因水的作用坝体浅层产生膨胀软化，强度将进一步降低。

5）在大坝渗流及稳定计算中，设想了坝体灌浆工程整治后有一薄黏土防渗心墙来模拟（均质坝变成了心墙坝），在并未勘探试验的情况下拟定采用了一个与实际不相符的计算参数：如排水体渗透系数 8×10^{-2} cm/s；坝体渗透系数 1.44×10^{-4} cm/s；心墙（虚拟的）饱和固结快剪 $\varphi = 17.6°$、$C = 17.4$ kPa 的抗剪强度、渗透系数 2.4×10^{-4} cm/s 等。计算出理想的类似心墙坝渗透浸润线，大坝上、下游坡基本稳定（除两个工况安全系数略小于规范标准）的结果，得出了大坝为二类坝的安全鉴定结论。

依据上面大坝变形五个方面的分析，对比水库大坝安全评价导则在土石坝工程质量评价的要求，对照2000年7月水库大坝安全鉴定，评定大坝为二类坝的鉴定结论，就值得讨论了。

2　可研、初设阶段的设计

这两个阶段的试验及大坝计算工作基本上是受大坝安全鉴定基本结论和设计思维的影响，总体上没有新的突破。

3　技施阶段

2003年11月对原坝体进行了勘探和取样试验工作，但对原大坝的质量和安全状况的认识还是不彻底的。这次勘探和取样试验仅对坝体轴线及下游坝体进行了工作，由于试验单位工作的局限性和条件的限制，认识也是有限的，但试验研究报告对大坝还是有一个初步的认识，提出了以下观点：

（1）原坝体填筑料主要为粉质黏土，黏粒含量为32.7%～42.9%，平均为37%，均超过均质坝土料对黏粒含量的要求（10%～30%）；自由胀率为25%～44%，平均为35.5%，部分土料属弱膨胀性黏土；液限含水量为27.8%～43.7%，塑性指数为9.6～21.3。成果证明原坝体填筑料的物理性质存在一定的差异，基本满足防渗土料的技术要求，部分指标不满足均质坝土料的要求。

（2）原坝体的干密度和饱和度状况。通过对坝料进行击实试验，原坝体填筑

料的最大干密度为 $1.67\sim1.74g/cm^3$，最优含水量为 $15.6\%\sim18.7\%$。而原坝体的原状样检测干密度为 $1.32\sim1.74g/cm^3$，说明坝体填筑标准偏低，原均质坝体虽运行了 30 多年，至今大部分土体压实度在 0.9 以下；下游坝体土的含水量为 $20.1\%\sim35.8\%$，饱和度达到 $90.5\%\sim100\%$；统计 45 组直剪土样孔隙比在 $0.552\sim1.053$，其中孔隙比大于 0.7 的达 20 组之多，说明整个坝体密实度较低，且土体密实度极不均一，并处于基本饱和状态。

（3）坝体原状 15 组土样渗透系数为 $1.7\times10^{-6}\sim1.3\times10^{-8}cm/s$，属微透水—极微透水性，其中 $A\times10^{-8}cm/s$ 达 8 组，对均质坝土质而言，土体的固结是极其困难的。

（4）土的压缩性属中等压缩，但有部分压缩性较高（压缩系数达到 $0.44\sim0.47$，已近高压缩性指标）。

（5）土的天然状态下抗剪强度，由于试样本身含水量较高，基本饱和，因此非饱和不固结快剪指标反映的是坝体高饱和度时的天然状态指标。

根据以上情况分析，得出了一个基本结论：原坝体填筑为粉质黏土，黏粒含量超过均质坝土料对黏粒含量的要求，部分土料属弱膨胀性，目前坝体取样土体处于基本饱和。原均质坝体由于当时施工条件的限制，坝体填筑密度标准偏低，存在低密度、强度较低、压缩性较大的土层，土坝虽经多年运行，坝体并未完全固结，并指出由于本次钻孔取样仅涉及坝轴及下游坡，上游坝体尚应引起重视的意见。

同时，建议大坝加高的设计中宜对原坝体上游坡复核其稳定性并作上游保护性措施（这是基于坝体上游部分没有勘探取样而提出来的）。

这份报告初步查明了大坝的基本情况，但坝体并未完全固结的分析意见，并没有引起重视和注意，同时对大坝运行的监测资料一直也没有分析研究，设计计算仍然采用的是饱和固结快剪指标，从而失去了发现潜在危险性的机会，以致发生了工程实施过程中的下游坝坡通过原均质坝体的滑坡。

4　坝体未完全固结的认识过程

众多涉及本工程的人，通常认为经过 30 多年运行的土石坝坝体还未固结是不能接受的，只是到扩建工程实施中发生了下游坝坡通过原均质坝体的滑坡，并经进一步勘探试验研究、计算分析论证之后，才痛苦地接受了这个事实。

（1）2003 年 11 月的试验研究报告首次提出坝体还未固结的依据。通过对大坝经过 30 多年的坝体原状土的试验研究，坝体的基本性状已初步明确，根据下列情况得出了坝体还未固结的结论。①坝体填筑料的性质为黏粒含量超过防渗料标准的膨胀性黏土，这种土料的潜质是难以固结的土料。②坝体原状土天然状态下快剪强度远低于饱和固结快剪强度，说明土体没有达到固结。③土的压缩系数还有部分接近高压缩性指标，说明土体的固结过程还未完成。④土的渗透系数绝大部分为 $A\times10^{-7}\sim A\times10^{-8}$cm/s 量级，表明其排水固结的过程是漫长的。⑤分析研究了大坝变形监测资料（并未在报告中列出），证明大坝变形尚未稳定。

（2）2006 年大坝工程修改设计阶段进一步论证。在这次修改设计勘察中，又分别在坝体上、下游及滑动带取样试验，除与上阶段进行相同工作内容的研究外，并有针对性地开展了土的标准固结试验，测定土的固结系数；坝体土的膨胀特性、收缩特性；滑动带土的残余强度等。同时对原坝堆石棱体及下游建基面进一步勘察，对大坝工程特性有了更深入的研究，科学地论证了大坝坝体还未固结的结论是正确的。

1）本阶段坝体土的物理力学性成果的基本结论，与 2003 年研究报告是一致的。仅在土的抗剪强度方面，主要在原状土天然状态下快剪强度上，上游坝体 $\varphi=6.6°$，$C=44$kPa；下游坝体 $\varphi=13.5°$，$C=19$kPa。而在饱和固结快剪强度（上游 $\varphi=15.5°$，$C=44$kPa；下游 $\varphi=15.1°$，$C=35$kPa）、饱和固结慢剪强度（上游 $\varphi=22.9°$，$C=10$kPa；下游 $\varphi=22.5°$，$C=13$kPa）上则基本相当。这表明大坝坝料基本一致，当固结条件相同时土的抗剪强度相同，且远大于天然状态下快剪强度，说明土体并未固结。坝体上、下游天然状态下快剪强度的差异，表明了不同固结环境状况下的结果。

2）土的标准固结试验测得土的平均固结系数为 1.307×10^{-3}cm²/s，平均 t_{90} 为 20.5min。在坝体内排水系统基本失效的情况下，坝体土固结时只能向坡面单向排水，经计算 50 年内坝体厚 25～30m 固结度不能完全达到 50%，越往坝体内部土体固结越困难，固结度越低（详细计算见 2006 年试验研究报告），计算结果说明坝体还没有完全固结。

3）通过原状土的收缩试验，土的体缩率达 10.3%～23.5%，平均为 16.7%，已超过胀缩土体缩率 8%的标准，坝体土是以收缩为主的弱膨胀性胀缩土体，坝体土料失水收缩将产生裂隙。坝体土的收缩如此之大，表明土的密实度低，更说不上达到固结。这一特性也证明水库大坝安全鉴定中，仅在坑深 1～1.5m 内取样试验得出平均渗透系数为 1.44×10^{-4}cm/s 的结果就不足为奇了。

4）通过勘探钻孔查明原坝体内下游排水褥垫已经失效，阻碍了坝体排水固结的通道，这也解释了大坝虽经 30 多年的运行坝体不能完成固结的原因。

5）设计通过分别采用上、下游原状土快剪强度指标，对原坝及扩建加坝的稳定分析计算成果，证实了大坝的现实，原坝是没有完全固结的这一结论的正确性。

5 几个问题的讨论

（1）四川省早期均质土坝普遍存在的问题。①多数工程没有进行必要的勘察试验工作，无技术资料档案可查。②施工中坝基清理往往不彻底，并且处理不当留下隐患。③对土料性质认识不足，多数工程主要是采用了膨胀性黏土。土料性质的认识至今不足，是四川省水利工程界一个普遍存在的问题，工程施工中发生滑坡的实例很多，如邻水肖家沟、道朝门两个水库，仁寿鸭池水库。④土的压实标准偏低，含水量控制过高，压实干密度低，碾压不均匀，填筑质量差。⑤反滤排水系统工程设计及施工控制较差，排水功能往往失效，坝体下游坡脚设置养鱼塘等不利排水的设施，下游坡经常出现大面积坡面散浸渗流。⑥均质土坝固结程度差，如化成水库。⑦多数工程没有监测设施和观测资料。

（2）大坝安全评价中勘察试验工作。

1）勘察试验工作的必要性。由于早期均质土坝的建设缺乏必要的勘察工作，同时受设计、施工水平的限制，普遍存在着质量问题，要正确地进行大坝安全评价，勘察试验工作必须认真进行。

2）在勘察试验工作安排上，除了通常的工作内容外，尚应包括：①坝体土料的击实试验，用以评价原坝体的填筑标准及质量；②坝体原状土天然状态快剪试验；③必要时少量标准固结试验，用以评价坝体土的固结情况；④查清反滤排水系统是否可靠。

（3）均质坝下游坡面大面积散浸的认识及处理。首先要对均质坝产生的散浸原因作调查，一般均质坝在建成运行几年后才发生散浸，众多的工程发生散浸后认为是产生了水平渗漏（有的的确是水平渗漏），造成了大坝后坡产生散浸，首选充填灌浆进行处理，处理后散浸消失（认为处理成功），运行几年后又出现后坡散浸，就认为是灌浆帷幕失效。其实这种过程的发生，更多的是修建大坝时忽视了均质坝坝体内排水系统及排水棱体的质量，反滤做得不好，以致建成运行几年后，排水系统堵塞失效，使坝体浸润线不断抬高产生坡面散浸渗流的现象。由于在整治中只限于灌浆处理而忽略了对排水棱体的翻修整治，因此当灌浆处理形成一个薄的幕墙后，切断原渗流浸润线而表现出下游坝坡的散浸得以控制，但再经几年的运行，渗透水再次透过灌浆幕墙后，渗透水则又由下游坡面大面积散浸而出。因此当经勘察分析确有排水棱体失效的问题存在，首要研究考虑到采取降低浸润线的措施，当计算和实测渗漏量及坝坡稳定不存在问题时，显然坝体充填灌浆是不必要的。

（4）大坝扩建加高工程中反滤过渡带的必要性。设计规范指出，扩建加高坝体的土料与原坝体填土性质不同时，应研究增设反滤层和过渡层的必要性。该水库大坝加高在原下游坡设置反滤过渡带是非常必要的：一是给下游坝体增加一个下游原坝体土固结排水的通道，有利于老坝体的固结，提高坝体土的抗剪强度；二是控制大坝渗透在过渡带以下坝体，保持新增填土的非饱和状态，增强下游坝坡的稳定。因此，设置反滤过渡带的措施，对该大坝而言，意义更加重大，任何削弱该反滤过渡带的意见都是不可取的。

化成水库主坝病害原因及抗滑桩整治计算分析

孙　陶　陆恩施

1　引言

化成水库于 1958 年开始修建，1960 年建成的中型水利工程，主副坝均为均质土坝。主坝长 220m，最大坝高 46m。水库枢纽由于水文地质等前期工作短缺，设计标准偏低，筑坝料不符合要求，施工质量差；因此自建成以来坝体就带病运行。大坝等虽经几次整治，但均为临时措施，工程病害未得到彻底根治。通过勘测、试验和设计的深入研究查清了大坝病害的原因，提出了彻底整治方案，并对主坝病害抗滑桩整治进行了计算分析。

2　主坝建成后运行状况

据水库管理部门观测资料，工程于 1960 年建成后至 1974 年主坝坝顶中部累计沉陷量 2.4m；1975—1981 年坝顶中部累计沉降 0.11m；1982—1985 年累计最大沉陷量为 0.107m；1986—1995 年年底坝顶观测向下游最大位移 105mm，最大沉陷 600mm。依据上述统计，主坝由 1960—1995 年年底累计最大沉陷量为 3.217m，为主坝高的 6.99%。

据一般工程大坝实际观测，土坝竣工后的第一年沉降量最大，5～6 年后沉降趋于稳定，若单位坝高的沉降速率小于等于 0.2mm/(m·a) 则坝体沉降基本稳定。

如：

陕西省安塞县王瑶水库大坝，大坝为碾压黄土均质坝，最大坝高 55m。1972 年 12 月建成至 1986 年 5 月累计最大沉降约为 1000mm，为坝高的 1.8%，大坝建成至 1973 年 4 月，沉降约达 720mm，占总沉降的 72%。1980 年，约以每年 20mm 的速度发展，单位坝高沉降率为 0.035mm/(m·a)。

又如：

江西省新余市江口水利枢纽，主坝为碾压式均质土坝，坝高 33m。竣工后第一年沉降量约占竣工后总沉降量的 73%，3 年内的沉降量约占总沉降量的 95%。据沉降稳定时间及沉降量统计，最大稳定沉降量为 1000.6mm，占坝高的 3.21%（未出现在最大坝高处）。

化成水库主坝 1960 年建成至 1995 年按观测时段沉陷变形统计列于表 1。

表 1 主坝沉陷变形统计

项 目	1960—1974 年	1975—1981 年	1982—1985 年	1986—1995 年	1960—1995 年
沉陷量/mm	2400	110	107	600	3217
占坝高百分率/%	5.22	0.239	0.233	1.30	6.99
占统计年沉降总量百分率/%	74.67	3.41	3.33	18.59	
年平均沉陷量/mm	171.43	15.71	26.75	60	91.91
单位坝高沉降率/[mm/(m·a)]	3.73	0.34	0.58	1.30	2.00

表 1 统计资料证明自主坝建成至今并未达到固结稳定,沉陷变形没有停止;水库在低水位运行及水位变幅较小(仅几米)的条件下,坝体保持着较大的沉陷变形速率,主坝土体实际上处于蠕变变形状态。

1981 年汛期库水位多次上升到正常水位时,坝体原裂缝三次被拉裂,三次回填处理;据坝体勘察表明,由于坝体沉陷后回填处理,坝顶以下 6~7m 填土为黏土夹碎石。因此坝体实际沉陷总量并不止统计的 3.217m,而应大大超过统计数。

1982—1984 年,从坝顶至坝足坡比为 1:1.6、1:2.5、1:4.5、1:3.2、1:4、1:1.8、1:4.5、1:8.5、1:4.2;1997 年 9 月测得从坝顶至坝足坡比为 1:0.64、1:1.03、1:1、1:4.06、1:6.7 至高程 376.0m 后出现反坡,坝体隆起高出原坝足 16m、长度达 58m。证明坝体仍以较大速度变形,当坝体蠕变变形时受到基岩的反坡阻碍而隆起形成反坡隆起带。

3 坝体病害原因分析

3.1 坝体填筑料的性质

坝体填筑料按塑性指数分类为黏土,坝体分高程塑性指数平均值范围为 20.0~23.3;黏粒含量范围为 35.5%~38.1%,黏粒含量基本上都大于 30%。超过碾压式均质土坝土料控制塑性指数(7~17),黏粒含量 10%~30% 质量技术标准。尤其是高程 385m 以下塑性指数达 22.3~23.3,平均黏粒含量达 33.5%~40.2%,最大值达 44.0%,部分土料已超过防渗体土料塑性指数(10~20)、黏粒含量 15%~40% 的质量技术要求。

坝体土料自由膨胀率为 27.0%~51.5%,分层平均值为 35.3%~38.7%,说明坝体土料较大部分为膨胀土,其膨胀性为弱—中等膨胀性。原状土膨胀力平均为 8.5~15.8kPa,膨胀力较低,体缩率平均为 9.0%~12.6%,均超过胀缩土 8% 的标准;证明坝体填土以缩为主,膨胀次之的胀缩特性,土体密实度较低。

坝体填筑土料 <2μm 粒组硅铝比为 3.04~3.74,pH 值为 6.1~7.3,在中性环境下表明黏土矿物以水云母伊利石为主,这与其自由膨胀率量级相吻合。

3.2 坝体填筑质量

用主坝土料进行击实试验，与坝体原状样密度比较，评价坝体填筑质量，成果见表2。

表2　　　　　　　　　　土料击实特性对比

高程/m	黏粒含量/%	塑性指数	自由膨胀率/%	体缩率/%	原状土		击实	
					干密度/(g/cm³)	含水量/%	最大干密度/(g/cm³)	最优含水量/%
402.8～383.4	30.3	16.3	32.0	9.2	1.71	19.9	1.78	15.6
392.1～386.9	34.3	21.0	34.8	8.0	1.63	23.3	1.69	18.9
396.8～384.0	37.7	20.8	39.5	12.3	1.61	23.9	1.68	17.0
381.6～371.8	41.5	26.1	44.0	12.6	1.59	24.5	1.66	19.7

实践证明，通常使用的13.5t振动碾碾压效果均能超过《土工试验规程》（SD 128—84）标准击实的最大干密度值，因而击实成果可直接用于设计标准。由表2可知，经过30多年运行固结的原状土平均干密度为击实最大干密度的0.96倍；当时设计及施工拟定控制标准（干密度 $\rho_d = 1.55\text{g/cm}^3$）仅为击实干密度的 0.92～0.95倍，对Ⅲ级建筑物而言，控制干密度标准严重偏低。

在击实最大干密度、最优含水量条件下，土体饱和度一般为75%～85%，而化成水库大坝拟定施工控制含水量是20%～24%，干密度是 $1.6～1.65\text{g/cm}^3$ 时土体饱和度为80%～100%，因而实际施工中土体已基本达到饱和状态，施工拟定土料控制含水量偏高。

表3列出部分坝体原状土渗透试验成果。

表3　　　　　　　　　　坝体原状土渗透试验成果

试样编号	渗透系数	
	垂直向 K_V/(cm/s)	水平向 K_H/(cm/s)
$ZK_{11}YZ_1$	$4.81×10^{-8}$	$1.33×10^{-7}$
$ZK_{13}YZ_1$	$2.74×10^{-7}$	$1.25×10^{-6}$
$ZK_{13}YZ_2$	$6.10×10^{-9}$	$6.19×10^{-8}$
$ZK_{13}YZ_3$	$6.88×10^{-9}$	$4.69×10^{-6}$
$ZK_{13}YZ_4$	$5.99×10^{-8}$	$3.54×10^{-7}$

可见原状垂直渗透系数 K_V 小于水平渗透系数 K_H，相差为一次方量级至三次方量级，表明坝体压实层面结合较差，库水容易浸入坝体。

3.3 主坝体抗剪强度分析

依据整治阶段勘探所涉工程横剖面按分层统计抗剪强度指标及20世纪80年

代主坝下游坡勘探试验成果见表 4。

表 4　　　　　　　　　　　主坝体抗剪强度比较

| 高程/m | 剪切方式 | 主坝工程横剖面 | | | | | | | | 20 世纪 80 年代资料 | |
| | | 坝 2 | | 坝 4 | | 坝 1 | | 坝 3（下游） | | 坝轴及下游坡 | |
		C/kPa	φ/(°)	C/kPa	φ/(°)	C/kPa	φ/(°)	C/kPa	φ/(°)	C/kPa	φ/(°)
409.8～399.8	快剪	36	18.9							42	13.35
	饱固快	56	19.15							50	19.67
399.8～383.8	快剪	67	10.2	56	6.7					60	11.45
	饱固快	61	17.35	40	15.23					58	18.65
383.8以下	快剪	70	8.8	66	7.53	51	9.37	60	12.67	70*	8.1
										64△	7.4
	饱固快	60	17.48	55	16.3	58	17.08	46	20.05	58*	19.67
										64△	17.73

注　表中＊为高程 383.8～378.8m，△为高程 378.8～368.8m，20 世纪 80 年代资料快剪为饱和快剪。

　　由表 4 可知，20 世纪 80 年代主坝轴及下游坡饱和固结快剪强度大于本阶段的强度，而快剪强度指标（因试验时试样经再饱和）相近或略低于本阶段强度。主坝下游坡坝 3 剖面强度大于上游坡强度；坝轴剖面（坝 2）强度大于上游坡（坝 4、坝 1）剖面强度；上游坡 383.8m 以下坝 4 剖面快剪强度大于坝 1 剖面强度，饱和固结快剪强度相近。

　　说明主坝总体强度随运行时间而衰减，坝体在库水长期运行浸泡下，坝体进一步软化，上游坝体强度亦随之降低形成蠕变变形态势。

　　依据前面分析论证，化成水库坝体病害原因在于：①采用了不能做均质坝的高黏粒含量，并具膨胀性的黏土作均质土坝用料；②设计及施工控制干密度指标偏低，含水量偏大，施工机具功能过低，以致坝体压实不均，层面结合不良，碾压土体已基本饱和，坝体整体质量较低；③渗透水流量沿坝体碾压层面浸入，造成坝体浸润线不断抬高，而上下游坡均无必要有效的排水反滤保护层，坝体浸水饱和强度进一步降低。所以大坝不断产生裂缝变形、沉陷、坍落等病害现象。

4　坝体病害整治方案

　　坝体病害整治设计本着尽量减少整治期间的经济效益损失和整治彻底的原则提出了水库不放水和放水两种条件下的整治方案。

　　不放水整治方案为水下抛石整治。放水整治方案包括：①护坡压足整治；②深挖换料整治；③振冲碎石混凝土桩整治；④钢筋混凝抗滑桩整治。通过上述整治方案工期、主要项目施工强度、存在的施工问题及优缺点的比较，设计推荐抗滑钢筋混凝土桩方案，其具体措施是将上游坡表面374.80m以上5~8m饱和土体挖除铺土工膜后填筑石渣料，在384.80m平台上布置直径为1m、孔净距1m的双排抗滑桩阻止坝体滑动。

5 坝坡稳定安全系数计算

化成水库整治前后坝体坝坡稳定计算成果见表5。

表5　　　　　　　　　化成水库整治前后坝体坝坡稳定计算成果

计 算 工 况			安 全 系 数		
			毕肖普法	瑞典圆弧法	改良圆弧法
整治前	上游	从正常水位骤降5m	1.104	0.877	1.002
		从正常水位骤降至死水位	0.828	0.713	0.831
	下游	稳定渗流	1.360	1.261	1.359
整治后	上游	稳定渗流	1.528	1.395	1.543
		从正常水位骤降5m	1.433	1.322	1.455
		从正常水位骤降至死水位	1.191	1.075	1.178
	下游	稳定渗流	1.808	1.725	1.813

稳定计算采用毕肖普法、瑞典圆弧法和改良圆弧法。根据计算，整治前从正常水位骤降5m，上游坝坡的稳定安全系数为1.0左右，坝坡处于临界状态；从正常水位骤降至死水位，上游坝坡的安全系数小于1.0，坝坡产生滑移破坏。计算成果与坝体实际运行状态基本相符，在多年运行中坝体基本上处于蠕变状态。

按钢筋混凝土抗滑桩方案整治后，在稳定渗流期、从正常水位骤降5m、从正常水位骤降至死水位三种工况下上游坝坡安全系数明显提高，处于安全状态，不会出现坝坡失稳。可见抗滑桩整治后，能有效地防止坝坡失稳。

6 抗滑桩方案有限元计算分析

6.1 坝体应力应变分析

整治前后坝体的大小主应力相差不大，稳定渗流及水位降落。大主应力最大值为$51.61~63.61t/m^2$，小主应力最大值为$34.71~41.44t/m^2$，说明抗滑桩整治不会引起坝体应力的明显改变，见表6。但由于抗滑桩的作用，坝体内塑性破坏区域明显减小，使坝体内塑性破坏区域由整治前和整治后（无桩）状态下的从上游坝基2/3范围直到上游坡脚减小到只在坝基中部局部位置出现。

表6   整治前后坝体应力应变特征值

计　算　工　况		大主应力最大值/(t/m²)	小主应力最大值/(t/m²)	垂直沉降最大值/cm	水平位移最大值/cm	
					向上游	向下游
整治前	稳定渗流	51.61	34.71	68.94	68.02	32.80
	水位降落	59.95	35.74	86.00	128.26	33.28
整治后	无桩 稳定渗流	57.43	39.04	90.57	106.65	35.96
	无桩 水位降落	62.23	39.64	113.79	149.25	34.94
	有桩 稳定渗流	58.34	40.13	67.64	35.39	41.19
	有桩 水位降落	63.61	41.44	80.43	80.80	39.70

　　整治后（无桩）坝体的最大垂直沉降略大于整治前坝体的最大垂直沉降，但抗滑桩整治后坝体的最大垂直沉降明显小于无桩整治和整治前坝体的最大垂直沉降；原因是坝坡换用石渣料填筑及坝体回填使坝体产生附加沉降，抗滑桩则有效地减小了坝体沉降变形。抗滑桩整治后桩体对坝体产生锁固作用，从而减小了坝体向上游的水平位移，但桩体的作用对向下游的水平位移影响不大。见表6及图1、图2、图3所示。

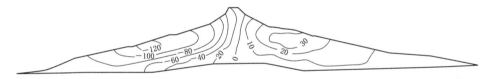

图1　整治前水位降落时水平位移等值线（单位：cm）

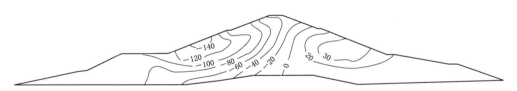

图2　整治后（无桩）水位降落时水平位移等值线（单位：cm）

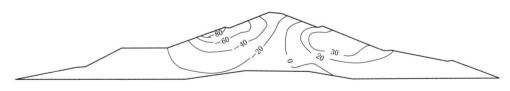

图3　整治后（有桩）水位降落时水平位移等值线（单位：cm）

6.2　抗滑桩应力应变与其弹性模量的关系

　　表7为抗滑桩应力应变与其弹性模量的关系成果，由此可知：桩体的最大应

力出现在桩体与基岩交界处附近；桩体大主应力分布规律为桩底部应力最大，桩中部应力最小，桩顶部应力居于二者之间。桩体底部和顶部应力随其弹性模量的增大而增大；当弹性模量 $E<7000.0$MPa 时，桩体中部应力随弹性模量的增大而增大；当弹性模量 $E>7000.0$MPa 时，桩体中部应力随弹性模量的增大略有减小。

表 7　　　　　　　　　　　　抗滑桩应力应变与弹性模量关系成果

距坝基	$E=1000.0$MPa				$E=2000.0$MPa				$E=3000.0$MPa			
	大主应力/(t/m²)	小主应力/(t/m²)	水平位移/cm	垂直位移/cm	大主应力/(t/m²)	小主应力/(t/m²)	水平位移/cm	垂直位移/cm	大主应力/(t/m²)	小主应力/(t/m²)	水平位移/cm	垂直位移/cm
2.9m	83.32	37.80	13.55	0.79	112.95	41.93	7.05	0.60	153.61	59.44	5.45	0.42
8.4m	53.04	34.74	14.29	1.12	53.23	41.32	7.57	0.85	70.30	58.62	6.43	0.63
13.5m	76.33	22.21	15.00	1.26	82.66	23.00	8.04	1.12	86.75	24.73	7.87	0.77

距坝基	$E=4000.0$MPa				$E=5000.0$MPa				$E=6000.0$MPa			
	大主应力/(t/m²)	小主应力/(t/m²)	水平位移/cm	垂直位移/cm	大主应力/(t/m²)	小主应力/(t/m²)	水平位移/cm	垂直位移/cm	大主应力/(t/m²)	小主应力/(t/m²)	水平位移/cm	垂直位移/cm
2.9m	198.8	66.05	4.81	0.33	199.60	71.73	4.44	0.29	202.76	72.74	4.13	0.24
8.4m	87.45	54.49	6.15	0.51	90.75	54.83	5.91	0.40	96.37	57.29	5.62	0.37
13.5m	128.8	64.60	7.22	0.58	157.29	65.68	6.95	0.43	137.03	66.32	7.04	0.67

距坝基	$E=7000.0$MPa				$E=8000.0$MPa				$E=9000.0$MPa			
	大主应力/(t/m²)	小主应力/(t/m²)	水平位移/cm	垂直位移/cm	大主应力/(t/m²)	小主应力/(t/m²)	水平位移/cm	垂直位移/cm	大主应力/(t/m²)	小主应力/(t/m²)	水平位移/cm	垂直位移/cm
2.9m	290.7	75.29	3.88	0.22	295.54	75.31	3.70	0.19	310.23	76.37	3.51	0.16
8.4m	108.1	51.22	5.40	0.34	94.67	59.13	5.28	0.28	88.53	45.65	5.11	0.26
13.5m	268.2	67.72	6.43	0.40	285.57	66.19	6.26	0.37	295.18	69.05	6.12	0.37

距坝基	$E=10000.0$MPa				$E=20000.0$MPa				$E=30000.0$MPa			
	大主应力/(t/m²)	小主应力/(t/m²)	水平位移/cm	垂直位移/cm	大主应力/(t/m²)	小主应力/(t/m²)	水平位移/cm	垂直位移/cm	大主应力/(t/m²)	小主应力/(t/m²)	水平位移/cm	垂直位移/cm
2.9m	330.2	86.24	3.34	0.16	431.28	84.00	2.03	0.15	544.00	91.04	1.14	0.021
8.4m	73.52	53.85	4.98	0.25	40.81	30.76	3.62	0.23	30.15	28.92	2.53	0.034
13.5m	297.7	72.14	6.01	0.33	280.79	79.89	4.72	0.30	235.24	80.90	3.90	0.036

　　成果显示桩体的水平位移和垂直位移随距坝基距离的增大而增大，随弹性模量的增大而减小。

6.3　有限元计算结论

抗滑桩整治后对坝体内应力分布影响不大，但明显减小了坝体内的塑性破坏区域。桩体部位发生应力集中，应力集中程度随桩体弹性模量的增大而增大。抗滑桩整治后桩体对坝体的锁固作用有效地减小了坝体变形，阻止了坝体蠕变变形的发展。

7　几点体会

（1）土石坝设计中搞清筑坝材料的各项物理力学性质，根据坝料性质选用适当的坝型和施工质量控制是防止病害工程的关键。

（2）在病害工程整治中只有查清病害原因和提高设计计算手段比较论证，提出有效整治方法才能彻底整治工程病害。

（3）通过勘探试验研究化成水库坝体病害分析是客观而有依据的，基本查明大坝病害原因。大坝经抗滑桩方案整治后，大坝是安全的。经有限元计算分析，证实经整治后大坝塑性破坏区域明显减小、变形有较大的改善，基本反映出钢筋混凝土抗滑桩的作用及效果。但对这种蠕变体的有限元分析，还有待于在理论及数学模型上改进。

后 记

　　纵观先生风雨历程，从立志出乡关的懵懂少年，到耄耋之年的皓首功成，一路走来，一路精彩。听先生娓娓道来六十余载工程事，细细思之，其功煌煌，其名藉藉，而又能儒雅淡然处之，思进取、不居功、不懈怠，究其原因有三幸事使然。天赋自勉，敏而好学，磊落坦然，故学之极精，其功极高而其欲寡然，此其一幸也；师母就于同业，奋身一线，勇分重担，故可心无旁骛，如臂使指，开首创之功，此其二幸也；水利院风扬气清，唯才是举，同舟共济，故可大展抱负，得展眉之平台，此其三幸也。又逢国家改革春风拂遍神州大地，科技号角响彻四野八荒，顺时代之潮流，攀学术之高峰，得其所欲。

　　观先生功业，最得意之杰作首推紫坪铺工程。先生精力最旺盛，思维最活跃的岁月都献给了紫坪铺。从坝料特性试验研究，到坝体分区设计原则，再到施工过程质量控制标准，以及最后经受地震的考验，自始至终无不凝聚着先生的心血与汗水。然"事了拂衣去"。

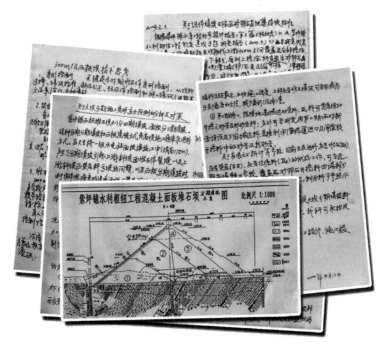

紫坪铺工作笔记

桃李不言，下自成蹊。填《水调歌头》词一首，敬先生也敬默默无闻而矢志不移的水利人。

水调歌头

潇洒东湖岸，淡伫来望山。

鱼龙显处，跃入锦城一水间。

方及昇钟大桥，虽有愁肠百转，慨笑双溪还。

若土皆可用，心事何茫然。

丈夫志，当拿云，耻疏闲。

平生意气，且向都江堰上看。

营营功名累事，玉垒浮云飘散，月下自凭栏。

唤取陈氏郎，且看舞翩迁。

祝愿先生身体健康、万事顺遂。

陈立宝

二○二三年八月九日